輝達黃仁勳

人工智慧晶片的成吉思汗

伍忠賢 博士 著

楊正利 校閱

獻給
救命中恩人
臺北榮民總醫院　陳明晃　醫師

[自序]

破解人工智慧晶片之王
──輝達黃仁勳致霸之道

| 伍忠賢

　　全球企業超級巨星約十年大概會出現一位，2001 ～ 2011 年有蘋果公司的史蒂夫・賈伯斯；2013 ～ 2022 年出現了電動汽車業霸主特斯拉的伊隆・馬斯克；2023 年 5 月 24 日，則橫空出世了人工智慧晶片霸主輝達的黃仁勳。

　　尤其他是臺裔美國人，而且說華語甚至閩南語，在臺灣掀起有如巨星般的旋風，堪稱「臺灣之光」。隨著人工智慧方興未艾，黃仁勳熱潮已在美國中國歐洲等地吹起漫天熱潮。

　　本書有五大方面考量，由本書目錄可見：

1. 一本書敵六大方面書

本書目標市場，以年齡層來說，從 15 歲高中生到 70 歲上市公司董事長，投資人，都是本書讀者對象。

2. 以《富爸爸，窮爸爸》一書十堂課參考架構

本書內容參考 1997 年日裔美國人羅伯特・清崎的暢銷書《富爸爸，窮爸爸》其中致富十個原則當架構，綱舉目張。

3. 原文呈現

由於輝達等公司是美國公司，黃仁勳受訪時以英文回答，所以本書有些地方以英文呈現，不做中文翻譯，其英文很白話易懂。

4. 第一手資料來源

2007 年 7 月起，黃仁勳在美國變成媒體的寵兒，有許多專訪。但一半是在每年 3 月中旬輝達技術大會（NVIDIA GPU Technology Conference, GTC）上，黃仁勳致詞的演講。本書忠實呈現。

黃仁勳在美國一線媒體受訪文章影片，我看過很多；他不太談日期、人物，甚至舉生活例子，也不容易懂。有時《美國週刊》，會找資深編輯予以濃縮。本書把時空背景交代清楚，甚至加以詮釋。

5. 本書融入作者四項核心能力

　　我在寫企業、企業家成功之道，有四項核心能力：

· 理論：政治大學企管博士，23 年全職大學教授。
· 實務：曾任聯華食品財務經理（1231），泰山企業董事長特別助理（1217），上市電子公司立萬利創新（3054）獨立董事三屆（2005 ～ 2014 年）；媽媽塔食品公司總經理（員工 170 人）。
· 寫書：38 年寫 100 本書（其中 50 本教科書），3000 萬字；其中企業史九本，包括《鴻海藍圖》（2005 年 2 月）、《郭台銘成功學》（2009 年 1 月）。
· 創意：例如企業家經營能力量表，10 題，每題滿分 10 分，每本書都有「因時因地（公司）因人」而推出的實用量表，帶您「內行看門道」。

天下常有千里馬，伯樂少之。

感謝時報出版公司趙政岷董事長快速出版此書，且給予寶貴意見。

誠盼透過此書，能激發許多人的「慾望與野心」。黃仁勳的學歷是可及的、創業是可超越的。本書的架構，希望盡量能成為分析企業、企業家的公版架構。也希望帶給大家人生與事業學習的參考。

謹誌於臺灣新北市

新店區台北小城 2023 年 9 月 8 日

目錄

Chapter Three　人工智慧產業分析
　　　　　　　　——兼論人工智慧晶片輝達、英特爾與超微的
　　　　　　　　經營績效

人工智慧晶片教父，「少年」黃仁勳的成功十堂課

一位成功人士須具備許多能力、條件，這些都須從小從生活、學校；到大在職場、運動場等，從許多刻骨銘心的努力、自律等逐漸養成。

「由小看大」，當我們有機會了解一位現象級企業家的童年、青少年、青年階段成長歷程，才會發現黃仁勳迎向挑戰，獲取經驗，奠定成長後就業、創業的成功基礎。

1-1 全球第 32 富豪黃仁勳

最直白形容一個人事業、投資多成功，就是身價，例如全球首富 2020 年起，大都是美國電動汽車公司特斯拉的總裁兼執行長伊隆・馬斯克（Elon R. Musk, 1971 ～）。

2023 年 5 月 25 日，輝達市值破兆美元，是全球第七家公司，這是全球大事，美國一線媒體《華爾街日報》等爭相報導；黃仁勳身價高達 421 億美元（1.34 兆元，人民幣近 0.31 兆元），在全球 81.3 億人中，財富排名第32。這對一個移民且白手起家的亞裔美國人來說，是鳳毛麟角。

一、全球股市市值前十大公司，輝達排第六

由於計算企業家的身價，主要來自其持股公司的股票市值，目前輝達的市值計算，排在全球排第六。市值會隨著股價起伏，但排名則比較穩定。

（資料來源：例如 Companies Market Cap.com，每天更新資料「Companies ranked by Market Cap」）

1. 一眼就可看出不熟悉的第六名

　　全球財富的排名，依下頁表格，其中除了第三大的沙烏地阿拉伯國家石油公司（Saudi Aramco，俗稱沙烏地阿美），有些人沒聽過外，大多是老生常談，最令人陌生的就是第六大的輝達（Nvidia）。2023 年度（2022.2 ～ 2023.1）它營收才 270 億美元，只有蘋果公司 2022 年營收 3943 億美元的 7%，但 2023 年 9 月的股票市值就達 1.22 兆美元，是蘋果公司市值的 42%。

　　2023 年 9 月，許多美國華爾街分析師預測，2026 年輝達股價會達 1534 美元（詳細說明詳見單元 3-7），股票市值破 3 兆美元，在全球將僅次於蘋果公司，實力驚人。（詳見 Coin price forecast,nvidia stock forecast 2023~2025~2030）

2. 以市值 1 兆美元為分水嶺

　　由表可看出，全球公司股票市值站穩 1 兆美元的只有六家，輝達也是 2023 年 5 月 30 日才達標，成為兆級

排名	國/地	行業	公司	(1) 股票市值＝ (2)×(3)	(2) 股價 （美元）	(3) 股數 （億股）
0 全部			7575 家	92 兆美元		
1	美	科技	蘋果	2.9	196	157.6
2	美	科技	微軟	2.497	336	74.315
3	沙	石油化學	沙特（Aramco）	2.09	32.4	645
4	美	網路	字母	1.687	133	126.8
5	美	零售	亞馬遜	1.371	133	103
6	美	科技	輝達	1.22	488	24.7
7	美	汽車	特斯拉	0.8476	267	31.74
8	美	網路	元平台	0.816	319	25.7
9	美	金融	波克夏	0.77	352	21.87
10	臺	科技	台積電	0.5142	100	51.41

美元企業。

二、輝達黃仁勳的身價

　　全球 500 大富豪，黃仁勳排名約第 32，2023 年 9 月他的身價大約 421 億美元，詳見下列計算方式。

1. 統計基礎的資料來源

　　由於大部分媒體（例如《富比士》每年 4 月會統計企業家的財富且是一年一次），但是美國彭博公司的「百萬富豪指數」（Bloomberg Billionaires Index）每天把全球前 500 大富豪重新排序。

2. 只計算持股市值的身價

　　由下列公式，可看出黃仁勳持有輝達股票「市值」（net worth）是如何計算的，各家主要差別有二：

· 股價：每天不同
· 持股比率：本書依美國兩家市調機構 Investopedia .com
　和 CNN Business 持股比率約 3. 5%
　股價 × 股數 × 持股比率
　＝ 488 美元 ×24.7 億股 ×3.5%
　＝ 1.154 兆美元 ×3.5%
　＝ 421 億美元

因此可見，黃仁勳的財富全球排名約第 32，2023 年
8 月他的身價大約 421 億美元，是快速竄起的全球富豪。

21 世紀，美國三大創新企業家
──蘋果賈伯斯、特斯拉馬斯克、輝達黃仁勳

人的身價是結果，大約 33% 是靠繼承，其中有名的是美國 400 大富豪中第 17 ～ 18 名的沃爾瑪創始人山姆・沃爾頓的四位子女。另外有 67% 是白手起家的。

既要富有，而且要達到現象級企業家（Phenomenal Entrepreneur）等級，由下頁表可見，20 世紀末、21 世紀，至少有三位夠格稱為現象級企業家。黃仁勳是繼蘋果公司賈伯斯、電動汽車特斯拉公司馬斯克之後，新起的現象級企業家。

一、單一成功，大抵不夠格

下列三位企業家，全球著名，但大多只能推出一項產品，沒有推出多項殺手級產品，因此未達現象級企業家水準。（身價資料來自《富比士》（THE WORLD'S REAL-TIME BILLion richest）。

- 1975 年成立微軟公司的比爾‧蓋茲（William Henry Gates, 1955～）；身價約 1200 億美元，全球排第五。
- 1977 年成立甲骨文公司勞倫斯‧埃里森（Lawrence Ellison, 1944～），身價約 1475 億美元，全球第四。
- 2004 年成立臉書的創辦人馬克‧祖克柏（Mark E. Zuchenberg, 1984～），身價 1130 億美元，全球居第十七名。

二、多項成功且驚天動地才算現象級企業家

此外，這三位現象企業家則帶給公司巨大經營績效（包括公司品牌價值、股票市值等），也給自己身價帶來無比貢獻。

三位美國現象級企業家

時	1997 年起	2017 年起	2023 年 5 月 25 日起
物	智慧型手機	電動汽車	人工智慧晶片
公司	蘋果	特斯拉	輝達
人	史蒂夫·賈伯斯	伊隆·馬斯克	黃仁勳
0. 營收	2001 年度起，全球科技公司營收最大	2022 年，美國《財星》雜誌，全球 500 大中排名 24	營收 270 億美元，《財星》全球前 1000 大都排不上
1.1 公司品牌價值	第一，4822 億美元（註：國際品牌公司 Inter brand）	第十二，460 億美元	Brand Finance 排第 58 名
1.2 公司股票市值	2023 年約 3.02 兆美元，占那斯達克股市市值 24.8 兆美元 12.2%	2023 年約 0.85 兆美元，最高時 2021 年 11 月 4 日 1.061 兆美元	2023 年約 1.22 兆美元，占那斯達克股市市值 4.45%
全球地位	第一，2018 年 8 月 3 日起	第七，最高時 2022 年第六	第六，2023 年 5 月 25 日起
2. 個人總財產	手上只有蘋果公司股票 50 萬股	2023 年約 2000 億美元	2023 年 9 月 約 421 億美元
全球地位	沒有	2021 年 10 月起，《富比士》雜誌，宣布馬斯克全球首富，2070 億美元	依美國彭博公司（億萬富豪指數）（Billionaries Index）全球第三十二名

資料來源：整理自 Market Capitalization。

1-3 2023 年 5 月黃仁勳在臺灣大學演講
——與 2005 年蘋果公司賈伯斯在史丹佛大學致辭比較

2023 年 5 月 27 日（週六）早上 9 點，黃仁勳在臺灣第一個公開活動是擔任臺灣大學畢業典禮的演講嘉賓，這場演講拿來跟蘋果公司賈伯斯的經典大學演講比較，饒富趣味。

一、2005 年賈伯斯演講

許多人認為企業家在大學畢業典禮演講的經典，首推蘋果公司賈伯斯（Steven Jobs, 1955～2011），2005 年 6 月 12 日，在加州史丹佛大學的演講。

‧他分享三個人生故事。

‧金句是「求知若渴，虛心若愚」（Stay Hungry, Stay Foolish.）。

二、2023 年，黃仁勳演講重點

· 分享三個輝達創業故事。

· 金句是「用跑的，不是用走的」（Run, don't walk），
成為「獵食者，不是獵物」（either you're running for
food, or running from being food.）。

三、黃仁勳演說流程

　　臺灣大學舉行畢業典禮，邀請輝達董事長黃仁勳致
詞，黃仁勳一上台先用中文說：「大家好」，還秀了幾
句臺語。

　　「本來想跟大家講臺灣話，但愈想愈緊張，我在美
國長大，所以臺語不是很標準，所以我今天跟你們講英
語，好不好？」之後他改用英文向學生演說。

　　黃仁勳的父母和哥哥也在台下聽講。演講結束，畢
業生們蜂擁而上，搶著跟他合照。

四、黃仁勳 20 分演講主旨內容架構

底下以《富爸爸，窮爸爸》書中十個致富原則，比較成功十堂課，依序呈現黃仁勳演講的重點（黃仁勳演講內容只涉及其中幾堂課，非全部涵蓋）。

1. 成功的第一堂課：慾望與野心

進入職場後，致力於有意義的生活並衝刺人生事業。

2. 成功的第二堂課：學習

1980 年以來，全球歷經資訊通訊四階段：個人電腦、網際網路、移動裝置（筆電、手機）的雲端運算到人工智慧；我們這一代，分經個人電腦和晶片革命。

在演講最後，黃仁勳說：

「同學們，你們進入職場時，正面臨人工智慧的起點，每個行業都將發生革命性的變化和重生，建議你們準備好。」

3. 成功的第六堂課：勇於冒險

畢業典禮這一天是畢業生父母夢想實現的一天，黃仁勳建議畢業生「你們應該趕快（從父母的房子）搬出去」，幽默的態度引發現場的歡樂笑聲。

4. 成功的第七堂課：努力

從非洲草原動物比喻，肉食動物為了獵食而跑，草食動物為了求生（避免成為獵物）而死命奔跑，不管什麼情況，都是拚了命的跑。

同樣的，人生也是如此，不管你是積極求發展，或消極的求避免工作職位被取代掉，也須要拚命的跑。

5. 成功的第九堂課：面對挫折的能力

黃仁勳分享了三個故事，回述 1993 年創立輝達的辛苦，他說創業一路走來，「充滿羞辱的失敗」，公司還差點倒閉。他學到三件事，這對像臺灣大學既聰明且學業成功的學生，不容易作到。

・人生須以謙遜之心面對錯誤，並尋求幫助。

・有捨才有得，放棄與決定去作，一樣重要。

．達到目標前，須能忍受失敗的痛苦。

6. 成功的第十堂課：耐心，堅持下去的紀律

忍受痛苦和苦難來實現夢想，做大犧牲。

這樣一場演講，成功的六堂課，說明了黃仁勳的成
長過程，也把他的理念完整表達，值得參考。

1-4 黃仁勳的家庭

黃仁勳本籍是臺灣臺南市人，1963 年 2 月 17 日生，1972 年，9 歲時，才移民到美國；這件事起源自父母的「美國夢」；而黃仁勳夫妻又開啟兒女的世界夢。

一、黃仁勳父母

黃仁勳的家：

1. 父親：黃興泰

在臺灣臺南市的成功大學化工系畢業，任職於美商開利全球公司（Carrier Global Co.），1960 年代末，去美國公司參加員工訓練後，決定全家移民美國。

2. 母親：羅采秀

是臺南望族，職業是小學老師，她是超微總裁蘇姿丰的表祖母。

3. 哥哥：1962 年生。

二、黃興泰一家的美國夢

1. 問題

　　1977 ～ 1981 年，黃興泰舉家在泰國工作、生活，1975 年 4 月，越南共產黨統一越南，多次進行跟高棉戰爭，戰火有可能波及泰國。

2. 解決之道

　　1969 年左右，黃興泰到美國進行員工訓練，親眼所見美國夢「是真的」，為了給兩個兒子一個美國夢，所以進行移民。

　　1972 年，兩名兒子先依親到舅舅處，但舅舅家境不佳，而兄弟只好去肯塔基州的寄宿學校住了兩年。

　　1974 年左右，黃興泰跟太太羅采秀，才辦妥移民手續，移民到美國奧勒岡州。

3.「美國夢」這名詞的一般涵意

　　1931 年，美國知名作家亞當斯（James T. Adams,

1878 ～ 1949）在《*The Epic of America*》一書把美國夢形容為：

「無論每個人的社會階層或出生環境如何，

生活都應該變得更好、更富裕、更完整，

每個人都有機會，其成就視其能力而定。」

（Dream of land in which life should be better and richer and fuller for everyone, with opportunity of each according to ability or achievement.）

三、一表千里

有許多媒體製作黃仁勳的族譜，由他母親羅采秀可以牽到二條大線。

1. 他是半導體女王（超微董事長）蘇姿丰的表舅（六等親）

2018 年，南韓《朝鮮日報》訪問蘇姿丰這事，她說：「不是」，後來，搞清楚族譜後，她承認了。

2. 與台南幫候雨利家族關係

　　黃仁勳表姐蘇錦倩嫁給台南幫祖師爺候雨利的長孫
侯博義（環球水泥董事長），這條線更扯遠了。

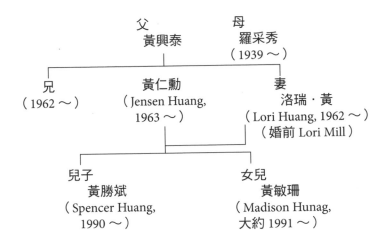

1-5 黃仁勳的兒子、女兒
—企業家第二代接棒起

　　看黃仁勳家族圖，你會發現黃仁勳兒女皆在輝達上班，看起來是有意栽培成未來接棒人，兩位唸的都是企管。

　　臺灣至少有三大企業機構開「企業第二代班」，從這角度切入，黃仁勳似有意的讓「兒女」先在外面磨練後，再到輝達上班。原因很多，有其他國家、行業、公司的工作經驗，國際觀、產業分析、公司專業技能都培養出來，一旦證明自己有這個實力，進輝達後，就比較不會被批評為「空降」、「搭直升機」。

一、黃仁勳兒子黃勝斌

　　由下頁表第二欄可見：

1. 黃勝斌喜歡臺灣

2010 年 5 ～ 8 月，黃勝斌在輝達（臺灣）分公司實習；之後，在臺灣大學華語班唸了一年；2010 年 11 月～2021 年 4 月，黃勝斌在臺北市信義區的兩家酒吧上班，其中 2015 ～ 2021 年 4 月 17 日，跟朋友合資開了間酒吧「R&D Cocktail Lab」，開業第一年獲評《富比士》亞洲50 家最好酒吧；之後，酒吧頂讓，大抵是受新冠肺炎疫情。

2. 2022 年 7 月起任職輝達

黃勝斌 2022 年 7 月起，擔任輝達紐約子公司產品經理。

二、黃仁勳女兒黃敏珊

1. 學歷

・大學時，唸美國烹飪學院（1946 年成立），在美國排名不是很前面，學費是史丹佛大學 5.62 萬美元的六成。
・碩士：她在法國路易威登集團工作了 3 年 8 個月後，

因地緣關係，去英國倫敦市倫敦商學院唸了企管碩士。

- 美國名校高階班：這大部分是暑期班，2～4週週末，學費約 3000 美元，2018~2019 年她在英美兩家一線大學參加三個暑期班。

- 2018 年，就讀倫敦政治經濟學院，修習決策中的資料科學。

- 2019 年，在美國麻州麻州理工大學管理學院修習人工智慧之公司策略的運用。

2. 工作資歷

由（領英，LinkedIn）上黃敏珊工作內容的說明，在路易威登在職時她大都待在法國巴黎市，也不是處理路易威登旗下飯店。

自由接案時，她接了佛州邁阿密市、臺灣的公司（她哥哥開的酒吧）、美國加州舊金山市等委託案。

三、這樣的資歷顯示了幾個訊息

1. 美國人就是美國人

美國人比較要求子女獨立，包括去其他國家工作。

黃仁勳家也是一樣。

2. 含著金湯匙出生

黃仁勳的輝達在 1997 年推出 NV3 晶片成功，公司經營邁入正軌，他的兒女那時才 7、6 歲；等到 2008 年起，兒女已開始唸大學時，應也有來自黃仁勳的支持。

黃仁勳兒子與女兒的接棒

	兒子黃勝斌	女兒黃敏珊
出生	1990 年，英 文 名 Spencer Huang	約 1991 年，英文名 Madison Huang
一、現職	輝達，紐約市子公司擔任產品經理，2022 年 7 月起	輝達元宇宙（平台）產品行銷經理，2021 年 5 月起
二、經歷	1. 酒吧 臺灣臺北市酒吧 R&D Cocktail Lab, 2015 ～ 2021 年 4 月 17 日 2. 臺灣臺北市地下酒吧（Speakeasy）Ounce 擔任酒保 3. 2013 年 4 月 ～ 2014 年 3 月 WACHI News 資訊／網頁管理，2010 年 11 月～ 2012 年 1 月 4. 輝達助理攝影，2008.11 輝達（臺灣）分公司實習生 2010 年 5 月～ 8 月	1. 輝達（廣告部）活動行銷經理，2020 年 9 月～ 2021 年 5 月 2. 法國路易威登行銷與發展部經理，2015 年 6 月～ 2019 年 2 月 3. 自由接案，行銷品牌顧問與文案寫作，2014 年 10 月～ 2015 年 10 月
三、學歷	1. 其他 2. 臺灣的臺大學 華語班 2012 ～ 2013 年 3. 美國芝加哥市哥倫比亞學院，雙學位，行銷與文化研究，2008 ～ 2012 年	1. 英國倫敦市倫敦商學院企管碩士，主修行銷、策略管理，2019.2 ～ 2021 年 2. 2018 ～ 2019 年兩次參加麻州理工大學經營學分班、人工智慧在策略運用 3. 美國烹飪學院（The Culinary Institute of America）可能在加州分校，企管系，2009 ～ 2011 年，高分畢業（3.8 分）

1-6 「少年」黃仁勳的成功十堂課

2005 年 3 月，陸劇《少年康熙》上映，這劇幾乎每年都重播，鄧超演紅了清康熙皇帝少年時，此劇也讓女主角劉圓圓（飾演冰月格格、桑榆）走紅。同樣的，「少年」輝達黃仁勳 7 ～ 17 歲（30 歲創業）成功的十堂課，也十分精采。

一、成功的第一堂課：慾望與野心

1. 父母給的美國夢

2018 年 5 月 6 日，美國全國廣播商業頻道（CNBC）「Mad Money」（這節目從 2005 年 3 月 14 起播出，歷史久），節目主持人吉姆‧克瑞莫（Jim Cramer）把過去訪問黃仁勳的片段，作成專輯。

‧1972 年父母把他和哥哥送到美國

這包括兩種談話：

‧我的人生父母美國夢啟示的結果

（I am the product of my parent's dream and aspirations.）

‧我虧欠父母太多了

（I owe them a great deal.）

‧我今天的成就首歸父母

（My achievements come from my parants.）

2. 14 歲時，打桌球的好勝心

在肯塔基州奧奈達學校時，黃仁勳聽從室友所建議：「運動，把身體弄壯一些」。一開始他學游泳，後來付費到皇宮桌球體育館打桌球，學費來自替體育館擦地板打工賺來的，而且還能支付跨地比賽相關費用。才打了三個月，他便打到全美青少年桌球巡迴賽西北地區雙打第三名。

1978 年 1 月，皇宮桌球體育館老闆以讀者投書方式，投稿刊登在《運動畫刊》（Sports Illustrated）上，重點如下：

黃仁勳是很有前途的桌球選手，他對打到桌球冠軍有很大的企圖心，而且功課成績全 A。

二、成功的第二堂課：不斷學習

1. 1967 ～ 1971 年（4 ～ 8 歲），跟父母住在泰國。

2. 1972 年（9 歲時），父母把他和他哥哥送到美國肯塔基州克拉克縣，他舅舅處。

　　住在基督教浸信會開的奧奈達浸信會國中小（Oneida Baptist Institute），該機構成立於 1899 年，該機構不是「感化院」（reformatory），只是收的學生大都是中低收入戶子弟或其他學校退學的孩子。

3. 1978 ～ 1979 年（15 ～ 16 歲），奧勒岡州阿囉哈高中（Aloha）。

　　　　阿囉哈高中（Aloha High School）小檔案

・時：成立於 1968 年

・地：美國奧勒岡州

・人：學生約 1800 人，48% 白人，亞裔占 4%

・事：阿囉哈高中在奧勒岡州排名 34 名以後（詳見臺灣 2017 年美國奧勒岡州最好的私立高中排名）

三、成功的第三堂課：勤於思考

2016 年 9 月，黃仁勳接受臺灣《商業週刊》記者訪問時表示：

> 「從 9 ～ 14 歲獨立的生活經驗，
> 培養我對環境、產業、人變化的敏銳感；
> 以及經常保有危機意識。」

四、成功的第四堂課：看見未來的趨勢

有媒體報導，黃仁勳高中時喜歡上電腦，奠定他以後唸電機暨資訊工程系。但在 2010 年，他接受《紐約時報》記者專訪時，特別提到是在個人電腦中的遊戲中找到樂趣。電腦遊戲種類多，許多人喜歡挑戰新的電子遊戲，尤其闖關、過關，這都很有挑戰性。

五、成功的第五堂課：遠離負面的人與事

2010 年 6 月 5 日，《紐約時報》刊出黃仁勳接受記者 Adam Bryant 專訪。其中一段談到他大三時，在奧勒岡州丹尼餐廳（Denny's）當服務生。

丹尼餐廳在美國成立於 1953 年，公司位於南卡羅納州，是那斯達克股市掛牌公司。1981 年店數約 1000 家，2023 年美國店數約 1600 家，2022 年營收約 4.56 億美元。

1. 問題

黃仁勳個性是內向（introverted）、害羞的，在等顧客入座時，特別害怕跟顧客說話。

2. 解決之道

黃仁勳鼓起勇氣跟顧客談話，之後慢慢變得不再內向、害羞，他形容此情況有如伸出手足走出來。

六、成功的第六堂課：勇於冒險

1. 1970 年，7 歲那場跳水

　　黃仁勳 4 ～ 8 歲（1967 ～ 1971 年）隨父親在泰國工作，住在泰國，大約 7 歲多時，在游泳池的跳板，嚐試跳水。

　　「看起來離水面很高罷了！」他告訴自己「跳水板高，水面不遠，只是自己的恐懼感，看起來很高罷了」，他奮力一跳，克服恐懼，成功跳水。

2. 對黃仁勳的冒險涵意

　　黃仁勳認為，只有少數人天生喜歡冒險，但如果要實現潛能，必須對自己有信心，去冒險，就像奧運跳水選手，一躍而下。

七、成功的第七堂課：努力不解

1. 父母是努力工作的榜樣

黃仁勳的父母、親朋都努力工作，這對他很有啟發。

2. 自己的經驗

1972 年，黃仁勳跟哥哥在肯塔基州的國中小學校寄宿，由於學費與住宿費是平價，大部分學生皆須付出勞力，以減少一些住宿費用。黃仁勳負責 3 層宿舍的廁所打掃。

在奧勒岡州，唸大三時，他在丹尼餐廳當服務生，兼差賺錢。

這些服務教育、兼職打工，讓黃仁勳從小培養工作須努力的態度。

八、成功的第八堂課：誠信正直

黃仁勳的服務教育、大學打工經驗，皆使自己有了「作好」的責任心，即「受人之託，忠人之事」的誠信。

九、成功的第九堂課：面對挫折

在丹尼餐廳打工的經驗，培養了他面對挫折的能力。

1. 問題

餐廳往往忙中有錯，顧客有些抱怨難免，有時是顧客誤會，有時是服務生搞錯（也就是黃仁勳的角色），有時也會是廚房餐飯弄錯。

2. 經驗

在餐廳當服務生的經驗，讓黃仁勳體會大部分時間，你無法控制環境，只能在「混亂」（chaos）中尋求「最佳突破」（making the best）。

3. 正面思考（finding the good in everything）

1971 年，在肯塔基州奧奈達國中小。

許多同學都是青少年，他的室友 17 歲因故中輟，許多人事物發展都不容易，這讓黃仁勳學到「幾乎任何事都有好的一面」（It is possible to find good in almost anything.）。

十、成功的第十堂課：堅持紀律

1. 打桌球的效益

黃仁勳表示，打桌球，學到紀律和專注力，而且比賽獲勝，更提高了自信心。是他喜歡的運動。

2. 有捨才會有得

不過，隨著到了九年級，功課變難，再加上對求學的興趣，就不再打桌球了。他說：「**知道自己要什麼，就全力去追求，這樣才能成功。**」

「成年」黃仁勳的成功十堂課

成功十條件，黃仁勳樣樣強。

人生四大夢想：「健康（長壽）、學業、家庭與事業」，大抵成功人士的條件皆相近。

在公司個案分析經驗發現，1997 年日裔美國人羅伯特・清崎的《富爸爸，窮爸爸》致富十原則，是管理活動「規劃─執行─控制」很好的架構，以下依序說明。

2-1 成功的第一堂課：慾望與野心

　　創業家的事業夢會隨著公司營收、淨利、事業範圍（產品、營業地區）逐漸擴大，黃仁勳自 1993 年創業以來，每個 10 年一期的策略雄心如何？

一、主要資料來源

　　2023 年 6 月 2 日，《遠見雜誌》上，林靜宜的文章「黃仁勳憶 30 歲創輝達」，後來《經濟日報》也被授權轉載。這篇文章有兩大來源：一是幾年前，黃仁勳受訪文章，一是 2023 年 5 月底，黃仁勳在臺灣的幾場演說（臺灣大學畢業典禮、台北國際電腦展 2 小時）。

二、作自己，不要作別人

　　「隨著年齡的增加，我的想像力也愈來愈好，人要活在自己的期望，包括什麼是好結果、完美。」

1. 1993 年，30 歲創業

1993 年黃仁勳創業時，輝達很小，怎麼可能超越
IBM、惠普？

「我認為是有可能的，因為這來自於我內心。那時，
我大概已經可以想像輝達 5、10 年後的情景。」

2. 想像 20、30 年後

「2023 年，我 60 歲，回顧人生，如果 30 歲重來一
次，我還是會和同一群人創業、做同事。過去 30 年的每
一天，我都盡力做到最好，『生命中最重要的一件事，
並且不要有遺憾』，我能想像 20、30 年後的輝達，是一
家最美好、最偉大公司。」

三、張孝威如何看黃仁勳

2018 年 2 月，張孝威在自傳《縱有風雨更有晴：張
孝威直說直做》中提及，1988 年，他加入台積電財務部，
看到美國加州輝達欠下應付帳款，但經常延遲付款。張
孝威去美國出差，其中一站去輝達催款，當時黃仁勳請

求延長應付帳款期限，張孝威表示，可行，但欠帳必須
有上限。

　　當時黃仁勳的回答就是：「請不要這麼作，因為，
輝達將會是你們大客戶之一。」足見他的雄心與信心。

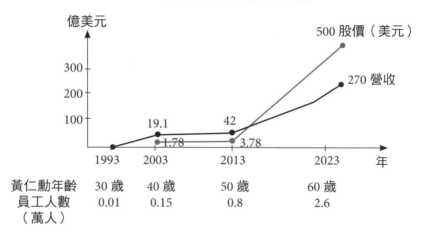

黃仁勳各階段人生目標
——輝達營收與股價、員工數

黃仁勳各階段人生目標

黃仁勳年齡	30 歲	40 歲	50 歲	60 歲
員工人數 （萬人）	0.01	0.15	0.8	2.6
黃仁勳 人生目標	1993 年 4 月創立輝達，我的目標是實現自己的潛能	實現他（主要是員工）大的潛能，公司才能成功，持續成長。（2016 年起），輝達成為全球最重要科技公司	創造輝達對人類生活更提升，如何達成？你盡力做到最好，就是完美。（Your best is perfect）	2023 年 3 月希望能再領導輝達 30～40 年，直到 90 歲，屆時會以機器人形式繼續工作。

2-2 成功的第二堂課：不斷學習

　　科技業技術、產品變化快速，只要知識進步太慢就是落後；輝達黃仁勳如何學習。

一、大學之道

1. 1981 ～ 1984 年，唸奧勒岡州大學電機學士

　　奧勒岡州立大學是一般級大學，不列入名校。

2. 1992 ～ 1993 年，唸史丹佛大學電機碩士

　　目的是保持教育動力持續（Keep educational momentum going.）（摘自 Nate Williams）。

二、工作中學習

　　1985 ～ 1993 年，在巨積（LSI Logic）上班，1981年成立，黃仁勳在加州聖荷西市，專作特殊運用晶片

（ASICs）公司。

此階段，黃仁勳自行請調，由工程部調到業務部。他表示，這是他生涯中最佳的選擇，了解公司研發，工程部該怎麼跟客戶配合後，更應該了解客戶關心的是「你的產品有什麼效應」（部分摘自 Asia Business Leaders, 2021 年 12 月 2 日）。

「我喜歡看別人公司的產品，並且從中學習，

我們認真看待對手，尤其尊敬英特爾，

但是在我們的（以魔術師自喻）袖子裡還是有放大絕的本領的。」　　　　　　　　　　——黃仁勳

I enjoy looking at other people's product, and learning from them. We take all of our competitors very serious, as you know. You have to respect Intel. But we have our own tricks up our sleeves.

——Jensen Huang

2-3 成功的第三堂課：勤於動腦

　　大約 2002 年起，黃仁勳在公開場合逐漸以穿皮衣外套取代西裝。

　　輝達的產品是晶片顯示卡；2010 年起比特幣挖礦潮起，許多人大買晶片顯示卡插在個人電腦中去挖礦。

　　在許多情況下，輝達已從 4C 產品上游零組件公司，變成下游的產品公司，公司總裁上場當代言人自然很有說服力。

　　從人物設定（character setting）角度切入，黃仁勳穿皮夾克、黑褲，其實是精密設計的人設。就如同演藝人員穿打歌服（theatrical costume）一般。

一、透過穿衣以塑造人物設定

1. 人要衣裝，佛要金裝，這是普通常識

　　大約 1640 年，明末清初的沈自晉在《望湖亭記》第十齣中，有「佛要金裝，人要衣裝」一句。

2019 年 4 月 24 日，Rachael Premack& Shana Lebowitz 在〈商業內幕〉（Business Insider）上文章「Science says people decide these 12 things within seconds of meeting you.」。

2. 2021 年 2 月，美國加州

史丹佛大學法學院副教授非裔理察德·福特（Richard T. Ford, 1966～）在《著裝規範：時尚法則如何創造歷史》（*Dress Codes: How the laws of fashion made history*）書中也指出，由領導者、78 位員工去評人穿不同的服裝的畫像，得到結論是：一般人期盼《財星》1000 大公司，高階主管穿正式服裝；但特立獨行的領導人，適用於一些特定環境（tournament）；西裝以外服裝的形象，便會有卡通人物或超級英雄般的效果。

至於每天穿同一款服飾，能傳遞出有紀律、專注力和為人可靠的感覺，這是每位政商領導人都想擁有的特質。

3. 2021 年 1 月，奧地利五位教授的實證論文

奧地利因斯布魯克大學策略管理與領導系莫蘭

（Thomas K. Maran）等 5 人，在美國的《商業研究》
《Journal of Business Research》期刊上論文「Clothes make
the leader! How leaders can use attire（ 服 裝 ）to impact
follower's perceptions of charisma & approval」，p.86 ～
99，論文引用次數 31 次；文中強調（固定）衣著有辨識
性。

二、兩位成功的公司廣告代言人

　　科技業有兩位穿休閒服替公司當代言人的，而且變
成老闆等於公司形象的典範。

1. 2001 年起蘋果公司創辦人史蒂夫・賈伯斯

　　賈伯斯穿深色 T 恤、牛仔褲。

　　在 2022 年 8 月 10 日的《數位時代》雙週刊文章指
出「賈伯斯招牌黑色高領出自，日本服裝設計師三宅一
生的一塊布哲學，讓 CEO 都青睞」，賈伯斯穿 T 恤的點
子來自去日本考察時的索尼公司老闆盛田昭夫（1921 ～
1999）。

　　史丹佛大學教授福特這麼形容賈伯斯：「賈伯斯是

精神領袖，代表著一個黃金時代，什麼都可能發生、科技會替世界帶來正面力量的時代」。賈伯斯辭世後，一年兩次以上的蘋果公司 WWDC 開發者大會總裁庫克和相關主管上場也都是沿襲賈伯斯式穿著。

2. 2004 年起，臉書創辦人祖克柏

祖克柏則穿灰色素 T 恤，2010 年 12 月，《時代》雜誌評選祖克柏為年度風雲人物。

在 1968 年美國電影製作人安迪・沃荷（Andy Warhol, 1928 ～ 1987）說：「在未來，每個人都有聞名於世 15 分鐘的機會。」（15 minutes of frame，詳見英文維基百科）。

2004 年 2 月 4 日，臉書上線；2010 年 10 月 6 日，Instagram 上線；2016 年 9 月 20 日，中國大陸抖音（Douyin）上線，這些網路社群平台，有自媒體（self-media）功能，這讓安迪・沃荷的名言變成預言成真。

公司、企業家也抓住這個免費宣傳機會，但要有賣點，才會吸引眼球，奇裝異服是最快的一招。例如美國女歌手「女神卡卡」（Lady Gaga）、日本女歌手卡莉怪

妞，都如出一轍。

三、黃仁勳的解決問題之道

1. 從電影《駭客任務》找靈感

1999 年 3 月，美國科幻電影《駭客任務》（The Matrix）上映，扮演好人、駭客端的三人都穿皮衣皮褲，票房 4.67 億美元。

・男主角尼歐（Neo），由基努・李維飾演；

・女主角崔妮蒂（Trinity），由凱莉・安・摩絲飾演；

・男配角莫菲斯（Morpheus），由勞倫斯・費許朋飾演。

2. 解決之道

黃仁勳應該有造型設計師出意見，挑選英美兩家皮衣品牌。

・英國登喜路黑皮衣的特色

英國登喜路公司（Dunhill）成立於 1893 年，網路上對此系列黑色皮衣的形容是：優雅的剪裁、（黑色）低調、穿起來有質感，適合上班時穿著，看起來專業。有幾款可以搭配，一般售價 6300 美元左右。

・美國湯姆・福特公司黑皮衣的特色

　　美國紐約市湯姆・福特公司（Tom Ford, 2005 年成立）黑皮衣的特色是：龐克風搭配高領設計，率性又不太休閒，上班、休閒兩用；一般售價近 4000 美元。

3. 黑皮衣有變化

　　黃仁勳會看場合去挑選皮夾克款式：翻領、拉鏈、重型機車夾克。

四、黃仁勳帶風向

・2016 年，黃仁勳在論壇網站紅迪（Reddit）上直播，回答網友提問時，他以「皮衣男」自稱。
・2021 年，《時代雜誌》（Time）的封面人物是黃仁勳，作為百大最具影響力人物的代表。
・2021 年 5 月 30 日電腦展中黃仁勳出現在廣達電腦子公司雲達攤位。

　　在臺北市南港區台北國際電腦展中，廣達電腦旗下的雲達科技公司銷售內含輝達晶片的伺服器，所以黃仁

勳一定要到。

黃仁勳大讚雙方合作成果，更當場把他的招牌黑色皮衣脫下給雲達總經理楊麒令穿上，楊麒令立刻振臂喊「耶！」。有女記者試穿了黃仁勳的「原味皮衣」，直言「這就是 1 兆元身價的重量」。

· 2023 年 5 月，美國路透社

美國《路透社》新聞的標題：「兆美元晶片公司的黑皮衣老闆（leather-jacketed boss）」。

五、這三個說法皆不中

「黃仁勳為何四季都穿黑色皮衣？」成為業界與「勳粉」熱烈討論的話題。

1. 輝達的說法

輝達發言人的說法，他引用黃仁勳的話：「每天穿黑衣黑褲，每天可以少傷腦筋去決定穿什麼；把腦力用在公事上。」

・2022 年 9 月輝達全球媒體與分析師問答會議

有記者詢問黃仁勳為何一年四季在公眾場合都穿黑皮衣，他回答：「因為這樣就不用去想要穿什麼顏色的衣服，減少需要思考的事情」。

這兩個說法都是宣傳詞；黃仁勳還是每天須挑皮衣款式，而且穿皮衣很厚很重很熱，許多時候並不舒服。

2. 這個扯遠了

2023 年 6 月 12 日，三立新聞引用網路記者胡采蘋的文章，說明黃仁勳的外公羅取，在臺南市中西區水仙宮市場開間福泰隆商行，主要賣皮革皮件，以此推理穿皮衣，是家學淵源。黃仁勳 4 ～ 8 歲隨父母在泰國工作，9 歲時移民去美國，對外公家賣皮件可能印象很少。

3. 我很酷

黃仁勳一年四季都穿著黑色皮衣，臺北市氣溫高溫 27 度，他還是一身黑色皮衣「包緊緊」，現場有人開玩笑問：「你的皮衣是不是裝了輝達的散熱器，否則怎麼受得了臺北的天氣？」黃仁勳回答：「因為我總是很酷（Cool）」。

2-4 成功的第四堂課：看見未來趨勢

　　跟兩軍作戰一樣，如果事先知道敵方主力部隊在哪裡，我方部隊便可趨吉避凶。

　　在企業，尤其是科技業，如果能預測什麼技術在何時可以推出殺手級產品（killer product），引領時代潮流，就可以「超前部署」（advanced deployment），尤其許多產品都須要數年的研發才能推出。

　　以下以輝達兩條成長曲線的主力產品為例，說明黃仁勳如何「看見未來趨勢」。

一、1993 年創業時，看見繪圖處理器的趨勢

　　黃仁勳大學畢業後三個工作。從這三個工作，他看見 3C 產品須要繪圖處理器，其中 3C 消費性電子的遊戲機是首選。

　　2016 年 12 月 19 日，《富比士》雙週刊登刊文章「The New Intel: Nvidia」，其中針對 1995 年，輝達推出掌上型

電玩的圖形處理器，輝達三位創辦人之一克里斯・馬拉科夫斯基（Chris Malchwosky）說：

「當時美國沒有市場，但日本有市場，很快就會蔓延到美國。」

二、2007 年，看見人工智慧晶片的趨勢

2023 年 5 月 27 日，《金融時代》週刊新聞中，英國倫敦市專攻人工智慧公司投資的創投公司 Air Street Capital 公司合夥人之一 Nathan Benaich，稱讚輝達在人工智慧晶片的成就，2020 年 5 月推出 A100 晶片、2022 年 3 月推出 H100 晶片，至少領先同業（英特爾、超微）四年以上。

2-5 成功的第五堂課：遠離負面的人與事

　　遠離負面的人，這在皇帝時代，大部分指佞臣，以三國時代後漢劉禪（小名阿斗）來說，至少有兩人，陳祗與宦官黃皓。227 年丞相諸葛亮在（前）《出師表》中一段經典名言：「親賢臣，遠小人，此『先』（西）漢所以興隆也；親小人，遠賢臣，此『後』（東）漢所以傾頹也」。

　　遠離負面的事，以個人來說，比較大的指「吃喝嫖賭」，比較小的事指「玩物喪志」。

　　公司總裁跟朝代皇帝一樣，經營權很大，人心也是肉作的，有些七情六慾，一旦無法遠離負面的人與事，可能就被拖下水，把公司敗掉了。

一、朝代皇帝的負面事

　　下表以「漢武、唐太、清康」三位著名皇帝中的唐太宗為例來說明。

1. 隋煬帝敗在征高句麗

陸劇《開創盛世》中，演的就是隋煬帝三次征伐高句麗（中國大陸東三省），花太多軍費，軍費來自橫徵暴斂，人民苦不堪言，只好叛亂了。

2. 唐朝唐太宗親征高句麗

644 ～ 645 年唐太宗親征高句麗，也是跟隋煬帝一樣，為了面子，花大錢（10 萬正規軍），但敗於小城安市（在遼寧省鞍山市，當時人口 5000 人），2018 年南韓大片《浴血圍城 88 天》，演的就是這段。

645 年 9 月，唐太宗感嘆的說：「如果魏徵（580 ～ 643）還在，就會勸阻我攻打高句麗。」

二、公司負面的事

歷朝歷代和企業公司負面的事大抵分兩大類，「過度投資（over-investment）是一種，這在財務管理的定義是指明顯報酬率為負的投資，常見的形容詞是「好大喜功」。

1. 唐太宗

以唐太宗來說，便是出兵打高句麗，這大部分是民族主義作祟，想打敗異族，給自己臉上添光。

2. 公司執行長傲慢

在公司，最常見便是砸大錢去收購奄奄一息的公司，自以為「一身好本領」可以「逆轉勝」。但卻被這溺水的公司拖累，自己公司「不死也半條命」。

1986 年 4 月，美國加州大學洛杉磯分校教授理察・羅爾（Richard Roll），在《商業期刊》上論文，第 197 ～ 216 頁，論文引用次數 5000 次，提出公司執行長傲慢（hubris），才會砸大錢發動非合意企業併購。

朝代與公司負面事

項目	唐太宗	公司
一、過度投資 （over-investment）	644 ～ 645 年 9 月打高句麗	收購合併大的爛蘋果公司
二、炫耀性支出（conspicuous consumption）		
（一）住	大蓋皇宮行宮，主要是西安市郊的翠微山的行宮	在大都市城中心買漂亮的辦公大廈
（二）行	大蓋陵寢、東巡、南巡	大飛機
（三）其他	面子工程、形象工程	公司買高價藝術品

　　2008 ～ 2014 年輝達智慧型手機晶片功敗垂成。2023年 5 月 27 日，黃仁勳在臺灣大學的畢業典禮中，提到三個故事之一便是「退出智慧型手機晶片」市場，涵意是「打不贏就得承認」。把此事業視為輝達「負面的人與事」，的確有點複雜。

三、商機

　　在智慧型手機，兩大天王的作業系統大都是封閉的，

一哥諾基亞 Nokia 用的賽班 Symbian 系統與當年二哥蘋果公司 iPhone 採用的 ios 系統。

2008 年 9 月 23 日，谷歌公司的開放型手機作業系統安卓（Android）上市，手機三哥三星電子、臺灣的宏達電（HTC）逐漸加入。

這對手機晶片公司來說是個好消息。

四、輝達的努力

1. 投入

輝達共投入 4 億美元於研發，包括收購相關公司，研發手機晶片。

2. 2008 年 2 月 11 日，推出手機圖睿（Tegra）晶片

五、輝達的困境

1. 2011 年手機晶片市占率，前五大占了 86%

2011 年，前五大手機晶片公司如下：高通 40%、德州儀器 20%、瑞典愛立信 12%、美信集成產品（Maxim

Integrated）8% 與德國公司戴格樂半導體（Dialog）6%。
輝達自認第六大，但市占率極低。

2. 高不成，低不就

手機晶片業中高階晶片由美國高通獨占，中低階由
臺灣的聯發科技守住，主要供給陸企手機公司。功能、
價格兩方都被對手卡死，輝達當時並沒有可以發展的空
間。

六、打不贏就跑

1. 超微先落跑

2008 年，超微把旗下手機晶片事業（即 Imageon，這
原是加拿大冶天公司之子公司），賣給蘋果公司。

2. 2014 年輝達也不玩

在 2015 年 1 月 23 日，記 者 Daniel E. Dilger，在
（蘋果內幕網站）上文章「How AMD and Nvidia lost the
mobile GPU chip business to Apple」。

2014 年，黃仁勳寫了封電子郵件給管理階層，重點

如下：「夥伴們，我們再也無法在手機晶片業有獨特貢獻，我們退出吧！」

在臺灣大學畢業典禮中，他又說：

「我們應該投身於我們要擁有獨特貢獻的願景。退出手機市場做法是奏效的，輝達轉向發展機器人和電腦，如今在自動化和機器人運算領域生意高達十億美元。對聰明又成功的人士來說，撤退或放棄並不容易，但是能夠作出取捨，是能否成功的核心關鍵。」

2-6 成功的第六堂課：勇於冒險

　　21 歲大學畢業，黃仁勳便在美國加州矽谷聖塔拉拉市超微（AMD）上班，1939 年惠普設立公司以來，矽谷已成為美國科技業創業夢的天堂。追朔這個開疆闢土的精神有歷史典故。

· 1830 年起，西進運動（westward movement）；
· 1840 ～ 1851 年美國加州舊金山市的淘金夢；
· 1956 年，美國移民法修正，重點是減少移民配額，大開技術移民之門，2019 年，美國商務部人口普查局估計，加州人口種族結構如下：白人 60%、亞裔 14.8%、其他 11.8%、5.8% 非裔。

一、1993 年的三十而立

　　大約在 1981 年，黃仁勳跟女友洛瑞・密爾斯（Lori Mills）在奧勒岡州立大學唸書時，兩人開始交往。1984

年，黃仁勳畢業後，到超微（AMD）上班，跟洛瑞結婚。太太問他：「你未來想做什麼？」他回答：「30 歲（1993年）時要當上公司的執行長。」

二、母親的擔心

1993 年初，黃仁勳跟兩位朋友打算成立公司，母親羅采秀（在臺灣時曾擔任小學老師），擔心他創業可能失敗，那如何養家呢？勸他：「為什麼不去找份工作呢？」

三、1993 年，30 歲以後

黃仁勳常問：
- 最糟的狀況會是如何？
- 會傷害自己嗎？
- 會失去家人嗎？（註：1984 年結婚，1990 年兒子誕生，1991 年女兒誕生）
- 如果答案是「不會」，也不會失去任何重要的東西。
- 就算「出錯」，頂多尷尬。

「雖然我可能浪費了一點錢，但可以從錯誤中學到經驗，之後可以賺更多的錢。如果能如此看待，縱使面對不好的情況，感覺也不會那麼差。」（部分摘修自《天下雜誌》，2021 年 5 月 31 日）

四、在巨積（LSI Logic）工作

1985 ～ 1992 年，黃仁勳到巨積公司（LSI Logic）工作，公司在加州聖立拉拉縣米爾皮塔瑪鎮（Milplatas），1980 年 5 月 20 日，偏重 3C 消費性電子（DVD 播放機、數位相機、遊戲機、視訊轉換器 Set-top-box）晶片。

1992 年他認識在昇陽電腦工作的兩位夥伴，後來三人在 1992 年 12 月～ 1993 年 1 ～ 3 月籌備成立公司，4 月，以 4 萬美元創立輝達。

五、三位創辦人分工

1. 黃仁勳當總裁

黃仁勳在巨積當到處長職位，成立輝達後，便擔任總裁。

2. 輝達的技術長

輝達的工程與營運資深副總裁由克里斯·馬拉科夫斯基擔任（Chris Malchwosky, 1960～），他是紐約州壬色列理工學院電機學士畢業，工作資歷包括：

- 1982～1983年，在 IBM 上班，設計出第一個個人電腦的專業繪圖晶片（graphics adapter）。
- 1996～1993年，替昇陽電腦（Sun Microsystems）設計 GX 繪圖晶片。

3. 輝達的軟體部主管

輝達的軟體部主管由克蒂斯·普林姆擔任（Curtis R. Priem, 1959～）。1986年加州聖塔克拉拉大學科學碩士畢業的他，任職過惠普、昇陽電腦，比較特別的是 2007年（他 44 歲）從輝達退休。

六、車庫創業典範

1. 1996 年，蘋果公司

在車庫中創業，當時有許多成功典範。賈伯斯和沃

茲尼克是在賈伯斯父母家中的車庫創業。

2. 2004 年，元平台公司（前身臉書公司）

那時還是哈佛大學學生的祖克柏，在學生宿舍中創業，不過為了專心創業，他輟學了。

3. 1992 年末，輝達

黃仁勳跟兩位創辦人是在加州聖荷西市的一家丹尼餐廳討論創業計畫，點了大滿貫早餐，咖啡是可以無限續杯的。由於只點一次餐，卻待四小時以上。店長還請他們到店後面空房間，這裡是有些警察會在那寫調查報告的地方。

七、創業過程

1992 年末，三人在丹尼餐廳後面房開會，主要是寫募股說明書，因為四萬美元的錢是不足以找 100 人來上班的。

1. 討論第一件事

我們想成為怎樣的公司？

2. 紅杉資本（Sequeoio Captal）

兩家創投共投了 200 萬美元。

八、創業轉型

1997 年，輝達推出 NV3（GeForce 晶片），大賺錢，1999 年股票在那斯達克股市掛牌上市；2000 年起，有許多媒體記者頻繁採訪黃仁勳。

看似功成名就，但黃仁勳仍帶領輝達由顯示卡，2007 年轉型做資訊業高效能運算（High Performance Computing, HPC，主要是串聯數台主機）、2010 年進軍人工智慧領域，這些都是冒大風險。

2016 年 9 月 28 日，臺灣的《商業周刊》刊出訪問他的長篇文章。

輝達的晶片主要用在資訊業中超級電腦、伺服器，臺灣一線公司有自創品牌；此外，全球九成伺服器由臺灣公司代工；顯示卡主要賣給資訊業的個人電腦、消費

性電子遊戲主機公司，在加上晶片幾乎百分百由台積電代工。黃仁勳經常出差到臺灣，對大型企業公司的董事長大都認識，他有感而發的說：

「臺灣有許多公司創辦人，一開始創業時，不怕輸，一旦成功後，變得很怕輸，於是就按著老路走（打安全牌），但這樣會錯失許多機會。」

「如果你不嘗試，那就沒辦法從作中學。」

2016 年 9 月 28 日《商業周刊》訪問中，他做了以下的表示：

「在公司承認策略、技術、產品失敗，人可能會丟掉工作、職位（權利、薪資）、面子。然而，我不怕輸，失敗對我而言，不代表任何意義。」

1. 不怕沒錢

「我不怕輸的原因在於我不在乎錢。小時候，父母沒有給我們兄弟零用錢，我媽對我們說：『如果要用錢，跟我說。』但我從來沒跟她要過零用錢。」

黃仁勳在國中時便開始打工賺零用錢；等到創業成功後，1999 年輝達股票上市，黃仁勳身價早已今非昔比。

2. 不怕沒權力

「我不怕失去權力，不承認自己失敗的人，人們會不再信任他，你就會失去權力。所以如果我犯了什麼錯，能從失敗中學到教訓化為經驗，那麼人們還是會信任你。」

3. 不怕沒面子

「我不怕輸的第三個原因，在於我不在乎面子，也就是我只在乎自己怎麼想。如果我對公司（員工）、家人（朋友）、對我自己感到驕傲，那我夠了；不必在乎別人怎麼想。」

2-7 成功的第七堂課：努力不懈

黃仁勳是個努力不懈的人。針對努力，在各階段時，黃仁勳有許多說法。

1. 1993 年

「我在 30 歲時，已能養成努力工作的好習慣，我家人說我專注工作時看起來像瘋子。」

2. 2003 年以後

「有許多人說我成功，但我並不那麼覺得，我只是盡力做好，讓人生不要有遺憾。

我想我不能做得比那時更好，當時，我「努力」去做所能做的每件事。」

3. 對知易行難

「大部分點子都有人想到，但為什麼很多聰明的人在事業上不成功呢？關鍵是『他們想太多，做太少』。」

2-8 成功的第八堂課：誠信正直

　　誠信（honesty）是最佳政策，另一個字是正直（integrity），這觀念在聖經中（舊約、新約）中都非常重視。1777、1779 年，美國開國元老富蘭克林（1706 ～ 1790）在寫 1758 年《窮理查年鑑》（*Poor Richard's Almanack*）中，這些字出現兩次。這也是新教改革宗教倫理學者韋伯（Max Weber, 1864 ～ 1920）的主要觀念，成為改革宗教倫理與資本主義發展基礎之一。

一、刺青

　　2023 年 5 月 30 日，在臺北市南港區世界貿易展覽館，台北國際電腦展廣達電腦集團旗下雲達科技公司的攤位，黃仁勳拜訪總經理楊麒令。黃仁勳脫下招牌黑皮衣，露出左手臂上輝達商標刺青，強調，「這是真的！」。黃仁勳問楊麒令：「你的 QCT（雲達英文名）刺青在哪裡？」楊麒令笑著指著衣服上的商標回答在這裡，黃仁

勳說下次弄個真的刺青。

1. 2016 年 9 月

在公司開會時，黃仁勳跟同事討論，一旦輝達股價突破 100 美元，大家要做什麼。討論結果是刺青。

2. 2017 年 1 月

輝達股價突破 100 美元，黃仁勳履行刺青的承諾，在左肩下方刺下公司商標，他對刺青過程感想是：「很痛」。

3. 你看到的股價圖是股票分拆過的

從看許多網站的公司股價，都已考量過股票的分拆，所以股價顯得價低。

輝達的股價圖，從股票分拆前，顯示前述 2016 年 9 月、2017 年 1 月兩個日期，卻是輝達股價突破 100 美元的時間點。

2-9 成功的第九堂課：面對挫折

　　1995 年輝達 NV2 繪圖卡被日本世嘉大退貨，是一場大挫折。1993 年 4 月創業，黃仁勳說共有七次產品失敗。報刊說，有兩次輝達幾乎倒閉。

一、1995 年，第一次失敗 NV1

　　1995 年，輝達推出第 1 個產品是個人電腦的多媒體卡 NV1，銷售差，公司只好裁員，從 100 多人降到 30 多人。這階段資金來源主要是創投公司。

二、1995 年，第二次失敗 NV2

1. 1960 年

　　日本世嘉（SEGA, 1960 年成立）是個人電腦的電玩大咖。

2. 1994 年 11 月，世嘉土星（statum）在日本上市

這款電玩是世嘉 1994 ～ 1996 年的主力電玩，主要用於個人電腦。1995 年 5 月，土星在美國上市；主機銷量破 100 萬台，6 月，土星降價至 3.48 萬日圓。

3. 世嘉新對手加入

1994 年 12 月 3 日，日本索尼公司旗下索尼互動娛樂公司，推出第一版的「遊戲站」（Play station）的電視（而且是陰極射像管）遊戲主機，售價 2.98 萬日圓。

三、輝達的拖累

1994 年，輝達收了世嘉 700 萬美元訂金，開發土星電玩的繪圖卡，11 月上市，但卻出現「技不如人」的重大缺點，主因是：

1. 1995 年 8 月 24 日，微軟推出 Window 95 作業系統

此款軟體可說是個人電腦的公版，與 1995 年輝達 NV2 晶片並不相容。

2. 技術水準差

世嘉希望顯示卡能作到立體（Direct 3D），須用到多邊形立體技術；但輝達的技術能力只有平面（2D），即二次方程紋理貼圖。世嘉派出工程師到輝達協助，但無效，起不到什麼效用。

3. 善後

黃仁勳向世嘉總裁（日本稱社長）中山隼雄解釋，輝達無法繼續合約，希望世嘉另尋合作對象，但又希望能全額付款，否則輝達就會倒閉。這 NV2 晶片從此胎死腹中。

想不到，世嘉同意了，讓輝達能多撐六個月。1999年 10 月輝達打造出 RIVA 128 顯卡，在資金見底時，這新顯示卡震撼了 3D 市場。

世嘉搶著找了兩家公司救援，最後由日本恩益禧（NEC）作出 Power VR 顯示核心。

2005 ～ 2007 年，輝達砸大錢研發給外部程式開發人員使用的作業系統：統一計算架構（Compute Unified Device Architecture, CUDA），這很類似 2008 年 9 月 23 日，字母公司推出的智慧型手機、筆電等作業系統安卓（Android）。研發期間淨利低，股價慘，黃仁勳遭遇法人股東近兩年的壓力，這也算「失敗」案例之一。

2005 ～ 2007 年度（2 月迄翌年 1 月）輝達經營績效

年度	2005	2006	2007
營收（億美元）	23	28.2	37
淨利（ 億美元）	0.51	0.748	4.5
每股淨利（美元）	0.05	0.14	0.21
股價（美元）	2.8	5.07	7.8

四、花大錢作研發

自 2005 ～ 2006 年，輝達共投入 5 億美元（一說 3.5 億美元），研發統一計算架構。由前表可見，2005、2006 年度輝達淨利很低，連帶股價也低。黃仁勳受到股東很大壓力，輝達股票上市以後，黃仁勳持股比率僅 3.85%，比較像專職管理者。

五、輝達的股東結構

1. 法人占 68%

前十大法人占 35%，第一大是先鋒（The Vanguers Group. Inc.）5 支基金，占 7.9%。

2. 自然人占 32%

公司員工等占 4.18%，其中黃仁勳占 3.5%。

六、2007 年 6 月 23 日推出

直到 2007 年統一計算架構上市後，淨利變好，股價到 17.81 美元。

七、黃仁勳自評

黃仁勳曾自評說：

「有人說，我是他們見過最頑強的公司執行長，我不確定這是不是在誇我；但是我非常確定，我渴望（公司）存活下去的意志，超過幾乎所有想要（公司）倒閉的意志。」

2-10 成功的第十堂課：堅持紀律

　　一般在討論毅力時，最簡單的說法是毅力（persevence）是指「屢敗屢戰」，它就是第二次世界大戰時英國首相邱吉爾（Winston Churchill, 1874-1965）的名言。

　　想成功，必須具備屢次失敗卻不喪失（追求成功）的熱忱：

　　Success consists of going from failure to failure without loss of enthusiasm.

　　努力的人，如果沒有毅力，很可能歷經三次挫折後，就打退堂鼓。

　　如果把「努力」與「毅力」分成四個分類，黃仁勳在第一象限，是「努力與毅力」兼具的人。

一、第一象限

　　既努力，又有毅力的贏者。占 16%。

這分成兩中類者：

· 創業家，占工作人士 2.5%；
· 高階管理者，占 13.5%。

二、第二象限

不努力，高毅力。
比較難以判斷這種人在職場中的職級。

三、第三象限

不努力，低毅力，占 20%。
這類人有可能退出職場，稱為怯志工作者
（discouraged worker），或稱全躺平族，占勞動人口 1%。
如果在工作，以中高齡還在擔任基層員工，可說是「魯
蛇圈」（loser circle），占勞動人口 19%。

四、第四象限

努力但缺毅力。占 64%。

這就是平凡人，占工作人口 64%，因為「努力」，
憑著功勞、苦勞可晉升到低、中階管理者；但缺乏「毅
力」，無法「屢敗屢戰」，缺乏向上奮鬥的力量。

努力與毅力的四種分類

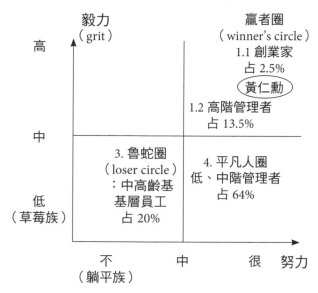

® 伍忠賢，2023 年 7 月 15 日。

大部分人工作久了，都會出現不同程度的職業倦怠綜合症（burnont），這是美國著名心理學者赫伯特・佛羅伊登伯格（Herbert Freudenberger, 1926 ～ 1999），根據其多年臨床心理諮商經驗，於 1980 年寫成《*Burn Out: The high cost of high achievement*》一書所提。

　　但在黃仁勳身上，一般人看到的是似乎是像 2006 年 1 月起的金頂的勁量兔電池廣告，有用不完的力量似的。

五、美國大型公司任期最久的總裁黃仁勳

　　在美國標準普爾 500 指數成分公司中，黃仁勳是在位最久的總裁；從 1993 年 4 月，創業迄 2023 年，擔任輝達總裁兼執行長滿 30 年。

1. 創辦人大都 55 歲起，退到第二線

　　美國超級公司的創辦人大都等上軌道後，任命總裁兼執行長，自己退居第二線當董事長。像 2000 年 1 月（時 55 歲）微軟的比爾・蓋茲、2021 年（時 57 歲）亞馬遜的傑夫・貝佐斯。

2. 2023 年 2 月 21 日

在輝達技術年會（GTC conference）中，黃仁勳回答記者：

「好像才剛上任。可能再工作 30 年到 90 歲；再化為人工智慧機器人，再工作 30 年。」

六、黃仁勳的作息

黃仁勳每天早上 6 點 15 分起床，運動 1 小後，吃早餐，然後去公司上班。

晚上下班後，與家人吃完晚餐，之後，會再工作，直到倦了，才上床睡覺。

這看起來很累，但他覺得「工作」是「玩」，因為是作自己有興趣的事。（摘自 Asia Business Leaders, 2021 年 12 月 2 日）

七、黃仁勳的工作觀

1. 工作跟生活一樣

黃仁勳表示,「工作跟生活一樣,工作與呼吸一樣自然,我樂於工作直到工作看起來不像工作。我的方法是把工作、生活當作同一件事;熱愛工作,家人也會愛我的工作。

當我分享在輝達工作的喜悅,家人也會喜歡上輝達。我很固執,所以對工作能堅持至今,我從不覺得疲累。」

2. 樂在工作

這是因為輝達的目標在於提高電腦的功能,尤其是別的公司作不到的。這種探索未知,令人激勵(thrilling)。

黃仁勳 1993 年 4 月創立輝達,與大部分的創業人士想法都一樣,套用 1943 年美國心理學者馬斯洛(Abraham H. Maslow, 1908 ~ 1970)發表於《心理評論》期刊的重量級論文「人類動機理論」,這論文引用次數達 52500次,許多人都能朗朗上口。創業人士追求的是最高層的

「自我實現」。

有大愛的企業家最值得書寫，底下三件事，可用暖男（caring 或 sweet 或 thoughtful guy）來形容黃仁勳。

八、富而好禮的慈善家（philanthropist）

· 2010 年黃仁勳捐 200 萬美元給他中小學時學校奧奈達，建「黃」廳，以作宿舍、教室之用。
· 2013 年，黃仁勳捐 3000 萬美元給母校史丹佛大學，成立工程中心。
· 2022 年，黃仁勳捐 2500 萬美元給母校奧勒岡州立大學，以設立超級計算中心。另捐 3000 萬美元給其他學校。

九、2023 年 5 月 27 日，臺灣大學畢業典禮致詞

黃仁勳在致詞時，一開始便透過下列軼事，拉近跟臺大師生關係。

2012 年左右，黃仁勳表示，首度來到臺灣大學，張教授邀請參觀實驗室，用整個房間的輝達 GeForce 顯示卡，加上個人電腦和大同公司電風扇，用臺灣的方式打

造出自己的超級電腦運用於量子模擬，成為輝達歷程的早期範例，他也為此感到驕傲。

他說，張教授跟他說，「黃先生，因為你的努力我能投入一生的志業」，這段話讓他到現在都感到感動，也完美地呈現了輝達的目標：幫助這時代的達文西、愛因斯坦，才華洋溢的人投入一生志業。（部分摘自馬瑞璿，《經濟日報》，2023 年 5 月 27 日，11 點）

十、2022 年 11 月，黃仁勳亂入直播

黃仁勳在臺灣有許多花絮小故事，成為人們茶餘飯後的趣聞，其中一則當你了解全貌後，有他支持員工、路人的決心，就是充滿洋蔥！

1. 亂入線上直播

2022 年 11 月 3 ～ 6 日，在臺北市圓山花博館電競嘉年華 Wirforce，許多電競公司產品會用到輝達的晶片，所以黃仁勳跟部屬也去參加了。

11 月 4 日晚上，場外有「唯有音樂」（Only Music，2013 年成立）公司旗下兩位女歌手李以樂、李欣庭在線

唱歌直播。黃仁勳跟同事吃完晚餐，路過的，這兩位女歌手跟他說：「聽我們唱歌好嗎？我們正在直播。」黃仁勳的同事問：「有多少人在看？」

2. 給你按讚還不夠，捧你場

女歌手回答：「400 人。」

黃仁勳說：「喔！才 400 人啊！」他覺得這兩位女歌手很努力，他便入鏡站後面，詢問她們知道他是誰嗎？並且點了美國女神卡卡（Lady Gaga）2022 年 5 月為電影《捍衛戰士：獨行俠》唱的主題曲「牽我的手」（Hold my hand），表示這是他喜歡的歌；他跟她們合唱，之後，一起合照。

黃仁勳想法很單純，幫她們衝人氣流量。

2023 年 5 月底，隨著黃仁勳的爆紅，這 YouTube 影片點閱破百萬次。

人工智慧產業分析

兼論人工智慧晶片輝達、英特爾與超微的經營績效

2023 年 5 月 24 日，人工智慧晶片美國輝達的股票市值突破 1 兆美元，成為全球第七家兆元級公司，股本雖小，主要是靠高股價（近 400 美元）。

行業紅，股價一流，公司董事長、總裁就成為全球十大富豪，特斯拉總裁伊隆・馬斯克 2021 年起大部分時候都是首富，輝達董事長黃仁勳持股比率 3.5%，全球排名第 32，未來還會隨著股價上升，排名衝向前。

3-1 超全景：資訊技術的四階段
——人工智慧是第四階段

　　人工智慧算那個領域？答案是：算在資訊科技，更精準的說，算在 4C 產業中第 1C 的電腦業。

　　以 1948 年，聯合國經社委員會發表的「國際標準行業分類」（International Standard Industrial Classification of All Economic Activity, ISIC）行業分類來說，共五層。

　　C 類工業中的製造業如下：

　　27 中類電腦，電子產品及光學產品製造業

　　271 小類電腦及其週邊設備製造業

　　2711 電腦製造業：此處電腦由大到小，分為大型主機（例如超級電腦）、電腦伺服器（偏向資料中心）、微型電腦與個人電腦（分成桌上型、筆記本型與平板電腦）。

一、超全景

1. 遊戲主機 PS1 ～ PS5

　　日本索尼集團旗下索尼互動娛樂公司，1995 年起推出電視遊戲主機 PS1，一直到 2020 年 11 月 PS5，平均 5 年一個新世代。

2. 資訊科技四階段演進

　　資訊科技的發展分四階段，其中雲端運算（Cloud Computing）是一大關鍵。主要是 2007 年起，智慧型手機大暢銷，逐漸取代個人電腦；手機中央處理器、記憶體有限，須要由雲端運算服務公司強大的伺服器服務，提供快速運算等功能。起始點一般以亞馬遜公司旗下亞馬遜雲端服務公司（Amazon Web Service, AWS）為準，2002 年 7 月有了雲端服務，2006 年 3 月開始了雲端運算服務。

　　至於雲端運算公司對公司、政府的服務早在 1970 年，便開始了。

二、特寫：人工智慧兩個層級

人工智慧已歷兩個層級的發展：

1. 2016 年起，分辨式人工智慧，字母的阿爾法圍棋（AlphaGo）

以圍棋來說，2016 年字母公司（前身谷歌）旗下英國子公司谷歌深度思維（Deep Mind）開發出的電腦軟體阿爾法圍棋（AlphaGo），五局全勝世界冠軍南韓九段李世乭（Lee Sedol）。

2. 2022 年 11 月起，生成式人工智慧，開放人工智慧公司 Chat GPT

由美國加州聖克拉拉縣聖克拉拉市的開放人工智慧公司（Open AI），2022 年 11 月 30 日，推出的人工智慧聊天機器人（Chat GPT），租用微軟公司天藍（Azure）的伺服器開始，後者用了 12.8 個中央處理器、256 個圖形處理器（由輝達生產）。

資訊科技四階段演進

年代	1971~1980	1981~1990	1991~2000	2001~2010	2011~2020	2021~2025
一、（個人）電腦						
小計億台	導入期	成長期		成熟期 4.4	衰退期 4.66	5.17　4.81
桌上型				1.57	1.55　0.8	0.8　0.7
筆電				2.01	2.09　2.225	2.77　2.72
平板				0.19	0.76　1.635	1.6　1.41
二、網際網路			1991	2004　2005	2013	2014
			Web1.0	Web2.0		Web3.0
1. 媒體			文字	照片、聲音		影像
2. 主要公司			推特 雅虎	元平台（臉書） IG	抖音	
三、雲端運算服務				2006.3 亞馬遜 雲端服務公司（AWS）		
四、人工智慧（商業使用）					2016 分辨式人工智慧	2022.11 生成式人工智慧 Chap GPT

3-2 人工智慧運用場域
——三級產業、人們生活

　　人工智慧運用的運用場域，下表有兩個創意：

　　第一列（時間軸）：分成第一、第二級人工智慧；

　　第二欄（Y軸）：以一國總產值（GDP）的三級產業（農、工、服務業）來區分。

　　如此綱舉目張，既清楚又明瞭。

一、2012年起，分辨式人工智慧

1. 分辨式人工智慧向人學習

　　在《國家地理頻道》的「組裝線上」等節目中，詳細說明2016～2018年6月，特斯拉工廠由工人操作機器手臂去焊接、噴漆等，機器手臂過這種「手把手」教學，從人身上學到如何做。

2. 特斯拉工廠自動組裝

汽車工廠四大部分：引擎、車體、噴漆與組裝，後兩者，特斯拉 95% 由機器手臂作完。以中國大陸上海市工廠來說，平均生產一輛 Model Y 約 45 秒。

二、2022 年 11 月起，生成式人工智慧

1. 生成式人工智慧向事物學習

一般認為，Chap GPT 第 4 版約有 13 歲青少年的智商，這在 2023 年 2 月，出現了許多網路科技文章說明。

2. 生成式人工智慧取代低層勞力、重複式工作

以「自動」（無人）駕駛出租汽車為例，在美中少數城市，已取得營業執照；這已到自動駕駛的最高等級完全自動駕駛（Level 5），出租計程車司機會未來逐漸失業。

三、在三級產業的運用

臺灣在 2022 年總產值中三級產業（農工服務業）各有占比，影響也各自不同。

1 分辨式人工智慧

其運用偏向農業、工業。

2. 生成式人工智慧

其運用偏重服務業，機器人的智商會進化，將從取代底層勞力密集的工作（例如電話客服務人員），到中層知識密集工作（例如銀行理財專員）。

兩層級人工智慧對的效益

時	GDP %	2016 年起分辨式	2022 年 11 月起
○、人工智慧程序		通用型人工智慧	生成式人工智慧
一、農業	1.41	精準農業（precision agriculture）	智慧型無人機、智慧農業機器人等
（一）製造業 （二）營造工程業 （三）電力	34.17	無人工廠（unmanned factory）	

時	GDP %	2016 年起分辨式	2022 年 11 月起
三、服務業	61		
（一）批發零售業	15.83	零售科技（Retail Technology, RetTech） 零售 3.0（Retail 3.0） 以智慧商店（smart store）為例	零售 4.0（Retail 4.0） 以無收銀人員商店（cashierless store）為例
（二）金融業 保險業	6.41	金融科技	（Financial Technology, FinTech）
1. 銀行 2. 保險公司 3. 證券公司		Bank 3.0 線上保險公司（online insurance company） 網路證券公司（online securities brokers）	Bank 4.0 機器人理財（robo-advisor）
（三）公共行政與社會安全 （四）其他	5.49		
1. 行 2. 住 3. 育		智慧家具（例如：冰箱） 遠距醫療	無人駕駛出租（網路預約）汽車 智慧醫療

3-3 全景：全球人工智慧產業鏈市場規模
—— 硬體方面

將人工智慧產業二分法，分成硬體、服務方面。

硬體方面分成上中下游，中游一些模組，例如電源供應器（例如台達電）、散熱（例如雙鴻）、主機板等，但產值卻難認定有多少是為人工智慧伺服器而作。

1. 上游：晶片設計公司，主要是輝達、英特爾與超微

這部分連帶帶出純晶片公司輝達、超微，大都由全球晶圓代工公司台積電的 5 奈米、3 奈米微縮製程處理。

2. 下游：伺服器，主要指全球伺服器前十大公司

全球伺服器代工公司九成是由臺灣公司承接，俗稱電子五哥（主要廣達、緯創、仁寶、華碩）加鴻海。

全球人工智慧「硬體」面產值　　　　　　　　單位：億美元

20xx	21	22	23	24	25	26	27
一、上游／晶片							
人工智慧晶片	112	16P	219	284	368	477	1278
晶圓代工	1080	1217	1095	1205	1264	1330	1395
二、下游							
伺服器	1051	1230	1255	1404	1555	1706	1860
人工智慧伺服器市占率（%）	1.5	4	8	15	22	24	28

3-4 全景：全球人工智慧市場規模
——服務方面

人工智慧服務方面至少分兩方面：

1. 人工智慧的服務平台：例如開放人工智慧公司

這些公司比較像商業軟體公司，德國思愛普（SAP）或美國賽富時（Saleforce），開發特殊運用的平台，以供其他公司買去或出租，再改裝成自己所須的功能。

2. 雲端運算服務公司

各種人工智慧軟體在公司修改、上線操作，皆須超級電腦支援，這部分便是雲端運算服務公司的業務範圍。

全球資訊「服務」面產值 單位：億美元

20xx	18	19	20	21	22	23	24
一、小計	9408	9497	9290	10294	11141	12038	12907
1. 資訊外包（IT Outsourcing）	1728	2143	2676	3714	4149	5296	5826
2. 政府公司自理（on-premise）	7680	7354	6614	6580	6997	6742	7081

3-5 輝達、英爾與超微損益表結構比較

　　由處理處三雄的 2022 年（輝達 2023 年度，2022 年 2 月迄 2023 年 1 月）損益表，可以看出各公司營收規模，營業成本及營業費用率。

一、營收

　　以營收規模來看，若以超微作基礎，三家的比率是「2.67 比 1.14 比 1」。

1. 英特爾 630 億美元

2. 輝達 270 億美元

3. 超微 236 億美元

二、比率：成本與費用率

1. 成本率

　　在成本率方面，是輝達 43%、英特爾 57.62%、超微

64%；超微數字偏高，沒有工廠負擔，成本率應該比英特爾低才對，早與輝達相近，原因是在產品訂價採中價位，目標是專搶英特爾的市場。

2. 費用率

費用率方面，輝達的貴用率是 36.4%、英特爾 36.68% 與超微 30.65%；三家比較超微較低原因在於研發費用占營收比率 21.19%，比另兩家對手低 6 個百分點。

三、比率：三種獲利力

由下列三種獲利力，輝達大幅領先對手，輝達產品較特殊，定價較高，所以獲利力較高。

・毛利率：輝達 57%、英特爾 42.38%、超微 36%；

・營業淨利率：輝達 20.6%、英特爾 3.7%、超微 5.30%；

・淨利率：輝達 16.19%、英特爾 12.72%、超微 5.6%。

2022 年輝達、英特爾與超微損益表與結構

損益表	輝達		英特爾		超微		產業平均 (%) *
	億美元	%	億美元	%	億美元	%	
營收	270	100	630	100	236	100	
－營業成本	116	43	363	57.62	151	64	
－毛利	154	57	267	42.38	85	36	56
－研發費用	73.339	27.18	175	27.78	50	21.19	
－行銷費用	-	-					
－管理費用	24.4	9.04	68.17		18.84		
－其他							
＝營業淨利	55.77	20.6	23.36	3.7	12.64	5.35	30.76
＋營業外收入	0.05		11.66		0.08		
－營業外支出	-14.01		42.66		0.88		
＝稅前淨利	41.81	15.48	77.68	12.33	11.84	5.02	29.06
－公司稅費用	-1.87		-2.46		-1.36		
＝淨利	43.68	16.18	80.14	12.72	13.2	5.6	25.96
稀釋每股淨利（美元）	1.70		1.94		0.84		15.77

資料來源：整理自 Investing.com。

3-6 處理器三雄經營績效趨勢分析

其實只看一年數字，但看不出趨勢，如果以五年數字，便可以先看見趨勢走向。

下表呈現方式跟其他表稍不同，其他表公司順序為「輝達—英特爾—超微」；此表是「英特爾、超微—輝達」，主因是會計年度，英特爾與超微都是曆年制，輝達是超前年度（例如 2023 年度是指 2022 年 2 月迄 2023 年 1 月），本質來說，輝達 2023 年度等於英特爾、超微的 2022 年。

一、營收成長率

1. 輝達

營收平均成長率 35.6%，2022、2023 年度營收 269、270 億美元，是造成營收成長率低於超微的原因。

2. 英特爾

英特爾營收 2021 年達高峰 790 億美元，2022 年大跌二成，五年每年營收平均衰退 0.09%。

3. 超微

超微平均成長率 70%，比輝達還快。

二、獲利率成長率

1. 淨利趨勢

輝達每年平均成長 8.67%、英特爾 -3.3%，超微無法計算，因 2017 年虧損 0.33 億美元。

2. 每股淨利趨勢

輝達平均成長率 8.76%，英特爾 -0.005%；超微無法計算平均成長率，因為 2017 年每股淨利 -0.03 美元。

三、股市績效

1. 股價趨勢

- 輝達：每年平均漲 43%，4 年漲 1.73 倍；
- 英特爾：平均每年跌 6.85%，4 年跌近 30%；
- 超微：平均每年漲 62%，4 年漲 1.5 倍。

2. 股票市值趨勢

- 輝達耀武揚威，4 年市值平均漲 42%，4 年漲 4.47 倍。
- 英特爾最悲情，4 年平均跌 10%，4 年下跌 44%。
- 超微 4 年每年漲 1.9 倍，4 年漲 5.63 倍。

3. 本益比趨勢

- 超高本益比：2022 年輝達 83.9 倍、超微 77 倍，已到「本夢比」（要看的不是「利益」而是「夢想」）的狀態。
- 超低本益比：英特爾 13.4 倍，比傳統產業股還低，可說是科技巨人蒙塵。

2018～2022年處理器三大公司經營績效　　　單位：億美元

公司	2018	2019	2020	2021	2022	五年平均漲幅（%）
一、英特爾						
(1) 營收	708	720	779	790	630.54	0.09
(2) 淨利	210.5	210.5	209	199	80.17	-3.3
(3) 股數（億股）						
(4) 每股淨利（美元 =(2)/(3)）	4.48	4.71	4.94	4.86	1.94	-0.005
(5) 股價（美元）	41.22	53.88	45.96`	48.72	26	-6.85
(6) 本益比 =(5)/(4)（倍）	9.2	11.44	9.3	10.02	13.4	-6.5
(7) 股票市值 =(3)x(5)	2119	2567.6	2041.6	2096	1190.7	-9.9
二、超微						
(1) 營收	64.7	67.3	97.6	164.3	236	7
(2) 淨利	3.37	3.41	24.9	31.62	13.2	2017年 -0.33
(3) 股數（億股）	10.6	11.2	12.1	12.3	15.7	
(4) 每股淨利（美元）	0.32	0.3	2.06	2.57	0.84	2017年 -0.01
(5) 股價（美元）	18.46	45.86	91.7	143.9	64.77	62
(6) 本益比（倍）	57.69	152.87	44.51	56	77.11	2017年沒本益比
(7) 股票市值	185.5	536.5	1104	1738	1044	191

年度 （2023.2-2024.1）	2019	2020	2021	2022	2023
三、輝達	2.1〜1.31				
(1) 營收	117	109	166.75	269	270
(2) 淨利	41.41	27.96	43.32	97.52	43.68
(3) 股數（億股）	25	24.72	25.1	25.35	25.1
(4) 每股淨利（美元）	1.66	1.13	1.73	3.85	1.76
(5) 股價（美元）	33.12	58.61	130.3	293.8	146
(6) 本益比（倍）	19.95	51.87	115.32	76.31	83.9
(7) 股票市值	814.3	1440	3232	7353	3690

3-7 輝達、英特爾與超微預測營收與股價

　　投資人關心的是輝達、英特爾與超微預測營收和股價。

一、資料來源

　　美國至少有 11 個股價預測網站（預測未來 8 年，含 7 年），各家大都以美國華爾街的證券公司的證券分析師 38 位，取其平均值。

二、營收

1.2025 年，輝達營收 600 億美元

　　輝達營收可能超過英特爾（英特爾營收中有製造部分），也贏過晶片公司高通。

2. 超微成長有限

　　超微的人工智慧晶片 2024 年第一季小量供貨，助益不大。

三、股價

　　輝達股價狂飆，可說是複製蘋果公司，特斯拉公司。

　　超微股價 2025 年股價 205 美元，市值 305 億美元，每年上漲 10% 左右。

輝達、英特爾與超微預估營收與股價

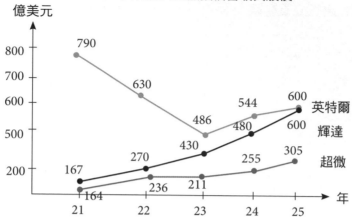

億美元

- 790
- 630
- 486
- 544　600　英特爾
- 480　600　輝達
- 430
- 167　270　255　305　超微
- 164　236　211

年
21　22　23　24　25

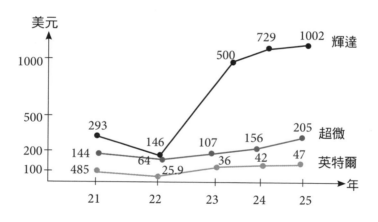

美元

- 1002　輝達
- 729
- 500
- 293
- 146
- 107　156　205　超微
- 144
- 64　36　42　47　英特爾
- 485　25.9

年
21　22　23　24　25

Chapter Four

現象級企業家

從賈伯斯、馬斯克到黃仁勳

　　喜歡看美國職業籃球賽嗎？美加兩國共 30 隊，一隊 15 人，加總共 450 位隊員。可是能達到能力第 8 級現象級球員並不容易。麥克・喬丹（1984-2001 年球季），柯比・布萊恩（1996～2016 年球季）、雷霸龍・詹姆士（2003 年球季～）、史蒂芬・柯瑞（2009 年球季～）平均每 10 年才會出現 1 人。

　　同樣的，世界（至少是美國）平均 10 年，才誕生一位現象級企業家。蘋果公司賈伯斯、特斯拉公司馬斯克，到輝達公司黃仁勳，就是如此。

企管中的策略管理：正確的開始，成功的一半

在電腦的處理器競賽中，1968 年 7 月成立的英特爾贏在起跑點；1969 年 5 月成立的超微，看似比英特爾只慢了 10 個月，但在天時、人和皆不如人下，長期來說，英特爾營收 3 倍於超微。

1993 年 4 月成立的輝達，差英特爾長達 25 年，一開始從利基市場切入，即個人電腦、電視遊戲主機的顯示卡（display *card* 或稱圖形卡 graphics *card*、影片卡 video *card*），這種產品市場小，是英特爾、超微不會在意的市場。

顯示卡偏重 3C 產品的影像處理（最簡單舉例，便是讓 2D 的電玩看起來像 3D），顯示卡的運作須要向個人電腦、電視遊戲主機的中央處理器（Central Processing Unit, CPU）去「借用」運算功能。久而久之，輝達發現顯示卡如果加上快速計算功能，輝達的顯示卡就會比對手強。由單元 5-5 表可看出，1999 年 8 月 31 日，輝達推出全球第一個圖形處理器（Graphic Processing Unit, GPU），簡單的說：

GPU ＝顯示卡（graphics *card*）＋局部 CPU

偏重平行運算（Parallel Computing）

從 2012 年起，人工智慧逐步由超級企業字母公司（前身谷歌）、微軟與亞馬遜運用於自動汽車駕駛、人臉辨識（進而物品辨識）研發，靠的便是有輝達晶片、技術開發平台（2007 年 6 月統一計算架構，CUDA）。

在人工智慧的處理器、技術平台，輝達 2020 年 5 月 14 日推出 A100 晶片；2022 年 3 月 22 日推出 4.5 倍以上效能的 H100 晶片（一片 2.5～3 萬美元）；2023 年 6 月，超微宣布推出 MI300X 晶片，效能約是 H100 的 2.5 倍，但最快 2024 年才上市，定價目前未知。

2020 年起，輝達稱霸人工智慧晶片，全球市占率八成以上。一家跟英特爾、超微相比，缺天時、少人和的公司，卻在新領域，從 1999 年起超前部署，早期先占市場，享有先行者優勢（first mover advantage）。

所有的功勞全歸輝達董事長兼執行長黃仁勳的高瞻遠囑，這個偉大的功績，使他名列現象級企業家（pheromenal entrepreneur）。

全景：美國三位現象級企業家
——賈伯斯、馬斯克與黃仁勳

　　要形容皇帝的偉大，常稱之為「大帝」，例如俄國彼得大帝、中國的漢武大帝。

　　要形容一位企業家的偉大，有時用人物來形容，例如特斯拉的馬斯克是電動汽車業界的賈伯斯，2023 年興起的輝達黃仁勳則被形容為是人工智慧晶片的賈伯斯。

一、現象級

1. 1998 年，現象級一詞的源頭

　　現象級（phenomenal）這個形容詞，源自於 1998 年義大利報紙形容米蘭隊的超級足球球星巴西籍羅納度（Ronaldo L. N. de Lims, 1976 ～）是現象級足球球員。

2. 延伸

　　後來，現象級成為「傳奇的」形容詞，運用於各種

情況。

- 人：例如傳奇企業家、藝術家等；
- 事：傳奇飲料，例如星巴克的招牌飲品之一星冰樂；
  現象級韓劇《大長今》。

3. 現象級三個條件

要達到現象級，須符合三條件：

- 過程：也就是天生的不算，像中國大陸籃球球員姚明不算，229 公分高，找不到幾個比他高。188 公分高的柯瑞（W. Stephen Curry, 1988 ～）夠格，他的三分球是苦練出來，2021 年 12 月 15 日，創美國職籃 3 分球紀錄；
- 公開承認：全球、一線媒體和機構承認；
- 影響：每人對後世有重大影響。

二、蘋果公司賈伯斯

一家公司、一位老闆終其一生，推出一個殺手級產品便很難了，然而賈伯斯在任內，卻至少推出四個殺手

級產品（包括電影）。

1. 公開承認

2009 年《財星》雜誌稱他為：「21 世紀最偉大的公司執行長，有創意、遠見更精明」。

2. 影響

英國《經濟學人》雜誌稱他為：「完全改變人類生活」。

三、特斯拉的馬斯克

特斯拉、太空探索技術公司（SpaceX）、X（前身推特）等公司總裁兼執行長伊隆・馬斯克。

1. 公認

維基百科列出了許多「伊隆・馬斯克所獲獎項和榮譽列表」。

2. 影響

　　2010 年 3 月，《伊隆‧馬斯克》一書在美國出版，2017 年 5 月，天下文化出版中文版《鋼鐵人馬斯克》，在書上楊士範等二人寫的文章，「未來十年，你將不斷聽到他，『鋼鐵人』伊隆‧馬斯克改變未來的 10 種能力」。

美國三大現象級企業家

時	1997 年起	2013 年起	2012 年起
地	加州庫比蒂諾鎮	德州奧斯汀市	加州聖塔克拉拉市
人	史蒂芬・賈伯斯（Steven Paul Jobs, 1955～2011）	伊隆・馬斯克（Elon Reeve Musk, 1971～）	黃仁勳（Jensen Huang, 1963～）
學歷	里德學院肄業（1972～74）	美國賓州大學（物理學、經濟學士）（1995）	史丹佛大學電機碩士（1992）
現職	-	特斯拉公司總裁兼執行長	輝達董事長兼執行長
經歷	蘋果公司董事長（1997～2011）、皮克斯動畫工作室董事長（1986～2005）	2022 年起 X 公司（前名推特），1.2022 年 10 月 27 日起，馬斯克收購。2. 網路支付公司共同創辦 Zip2，1995～1999 年，網路軟體公司兩位創辦人	超微，1983～1985 年程式設計師，巨積（LSI logic），1985～1993 年，從經理到處長
重大影響 1.	電腦 ・1977 年 4 月個人電腦 Apple II 上市 ・2010 年 4 月 3 日推出平板電腦 iPad	電動汽車 2009 年 3 月 26 日、特斯拉 Model S 上市，引發全球電動汽車熱潮	人工智慧晶片之父一、分辨式人工智慧 從 2010 年字母公司開始從事人工智慧

時	1997 年起	2013 年起	2012 年起
2.	電影 1986 ～ 2005 年皮克斯動畫工作室迄 2021 年，皮克斯獲得 23 次奧斯卡獎項	2. 太陽能城市 2016 年 以 20 億美元收購 Solar City，進軍屋頂太陽能技術	2.2012 年 史丹佛大學 Image Net 的圖像辨識比賽，冠軍、準確率 80%
3.	音樂 2001 年 10 月，推出音樂播放器：iPod，2002 年 8 月，音樂商店；iTunes 通訊。2007 年 6 月 29 日推出觸控螢幕手機；iPhone	3. 太空探索技術公司（Space X），2019 年推出低軌道衛星，主要是通訊衛星，2020 年 1 月起，全球市占第一。 2020 年 5 月，第一家軌道級載人太空飛行公司。	3.2016 年 字母公司之英國子公司的阿爾法圍棋（AlphaGo）5 次打敗南韓圍棋王、九段。
4.	2022 年 7 月 1 日，美國總統拜登追贈總統自由勳章，表揚賈伯斯的遠見、想像力和創造力	4. 特斯拉充電樁產業，2024 年起，福特、通用汽車的電動汽車採用特斯拉的充電樁規格，簡單的說，美、加拿大充電樁採取特斯拉規格	二、生成式人工智慧 4.2022 年 11 月 30 日 開放人工智慧公司（Open AI）推出生成式人工智慧的聊天機器人 Chat GPT，背後靠微軟的雲端運算公司天藍（Azure）， 這使用輝達晶片

4-2 輝達、英特爾與超微經營者能力評估
——黃仁勳、格爾辛格與蘇姿丰

同行才能相比，如果比較電腦處理器三雄的董事長（含總裁）兼執行長的經營能力，這背後是假設以船長來舉例，船要開往哪裡、怎麼開，都是船長決定的，可見船長的重要性。

套用公司經營者能力量表（伍忠賢 2021）去評估黃仁勳、格爾辛格與蘇姿丰的得分。

一、管理者三種能力

1. 1955 年，羅伯特·卡茨

1955 年 3 月，美國新罕布夏州達特茅斯學院教授羅伯特·卡茨（Robert L. Katz, 1933 ～ 2010）在《哈佛商業評論》上發表文章，說明管理者（administrator）須具備：專業（技術）、人際關係與觀念能力。

之後，由於各學者經常引用，1975 年，《哈佛商業

評論》，又再刊登一次 12 頁，且印單行本，半年內賣了 4000 本。

2. 衍生性，三大類，六中類（2016 年伍忠賢版）

2016 年，伍忠賢在《一輩子要學會的職場黃金課》（時報出版公司）第 64 頁，把卡茨的三大類能力再細分六中類，13 小類。

二、公司經營者量表（伍忠賢 2023）

由下表第二欄可見，把三大類能力跟公司策略規劃、執行，第三欄是每個細項的比重。

三、三人得分

由下表下小計，可見三人得分與能力等級。

1. 黃仁勳 84 分（A+ 級）

黃仁勳可說 A+ 級的企業家，這是次頂級。

2. 格爾辛格 57 分（D 級）

格爾辛格在英特爾的財務績效很差，他又無力推新產品去力挽狂瀾。

3. 蘇姿丰 77 分（B+ 級）

蘇姿丰在超微的財務、股市績效不錯，但人工智慧晶片跟輝達比較，可說「老二主義」（me-too）。

黃仁勳、格爾辛格、蘇姿丰經營管理量表

能力	細項	比重 %	低分	中分	高分	輝達 黃仁勳	英特爾 格爾 辛格	超微 蘇姿丰
一、專業 能力	一、學經歷	20						
1.1 專業 技能	1. 學術專業	10	本科 學士	本科 碩士	本科 博士	7	7	10
二、觀念 能力	2.1 視野： 一線公司處 長以上	5	1 家	3 家	5 家	2	5	5
2.1 決策 能力	2.2 任職區 域	5	1 國	3 國	5 國	1	1	1
	二、公司成 長方向	30						
2.2 膽識	3. 方向正確 性	20	10%	50%	100%	18	8	12
2.3.1 學習 力	4. 五年路徑 圖	10	10%	50%	100%	9	4	6
2.3.2 創意	三、執行 I	30						
	5. 成長方式	20	內部 成長	合資	收購	18	18	18
	6. 成長速度	10	10%	22%	30%	9	1	5
三、人際 關係能力	四、執行 II	20						
3.1 對外， 團隊合作	7. 管理能力	10	後 10%	前 50%	前 10%	10	8	10
	8. 員工滿意 程度	10	後 10%	前 50%	前 10%	10	5	10
	小計	100				84(A+)	57(D)	77(B+)

Ⓡ 伍忠賢，2023 年 6 月 10 日。

4-3 黃仁勳、格爾辛格與蘇姿丰學經歷

　　黃仁勳、格爾辛格和蘇姿丰的學經歷，各有不同。

一、輝達黃仁勳

1. 學歷

　　大學畢業後工作了 6 年，再回去唸碩士，比較能夠理論與實務融合。

2. 經歷

　　在兩家公司待過，期間約 7 年。

二、英特爾格爾辛格

1. 學歷

他從大學到碩士是連貫的。

2. 經歷

乍看之下，格爾辛格好像都在英特爾上班；但 2012 年 8 月到 2021 年 2 月 14 日，在雲端運算服務公司威睿（VMware）擔任董事長，和戴爾 MC 總裁兼營運長（2009.9 ～ 2012.8），直到 2021 年 2 月 15 日，被英特爾挖角回去擔任總裁兼執行長。

三、超微蘇姿丰

1. 學歷

天才兒童型，只花了 8 年從麻州理工大學學士、碩士到博士，拿博士時才 25 歲。

2. 經歷

偏重技術部。

2014 年 10 月～ 2022 年 1 月，超微總裁兼執行長。

從財務、股市績效來說，蘇姿丰可圈可點，可說是「克萊斯勒汽車公司轉虧為盈的李·艾科卡」的半導體公司版。

2022 年 2 月起，擔任董事長兼執行長，年薪 8672 萬美元，報刊媒體喜歡拿這稱她為半導體業薪資最高的經營者。

黃仁勳、格爾辛格與蘇姿丰學經歷

公司	輝達	英特爾	超微
董事長	黃仁勳 （Jensen Juang）	總裁／格爾辛格 （Patrick P. Gelsinger）	蘇姿丰 （Lisa Su）
0. 出生	1963 年 2 月 17 日	1961 年 3 月 5 日	1969 年 11 月 7 日
1. 第 1 項 學歷	美國史丹佛大學電子 工程碩士（1991～ 1992） 奧勒岡州立大學電機 工程學士（1981～ 1984）	同左（1983～1985） 聖塔克拉拉大學電機 學士（1979～1983）	麻州理工大學電機博 士（1994）、碩士、 學士
	1993 年，跟另兩位同 事創立輝達	沒創業過	沒創業過
第 2.1 項 一線公司 任職	·巨積科技（LSI Logic），1985 ～1992 年 ·超微，1983～ 1985 年	·1993 年英特爾副總 裁，時年 32 歲， 英特爾最年輕副總 裁	·2014 年 10 月起超 微總裁兼執行長 ·2012.1～2014.6 超 微資深副總，兼管 全球事業 ·飛思卡爾半導體 （Freescale）， 2007.6～2011.12 年 7 個月
第 2.1 項 一線公司 任職期間	·在巨積科技擔任處 長（director） ·在超微，擔任晶片 設計工程師	·2001 年擔任英特 爾技術長，2012 年 8 月～2021 年 2 月擔任雲端運 算服務公司威睿 （VMware）董事 長	·IBM，1995.2～ 2007.5 副總裁 ·德州儀器 1994.6～ 1995.2

4-4 黃仁勳對輝達市場定位的期許

聚焦黃仁勳對公司的定位，主要參考資料來源為
2016 年 9 月 28 日臺灣的《商業周刊》。

一、以創新擴散模型來說，創新者占所有公司 2.5%

1. 對公司的定位

黃仁勳表示，對輝達的定位如下。

「獨特的人才、公司，應該做獨特的事。如果別人
也可以做得到，那就不獨特了。」

（Smart people focus on right things.）

「這世上有多少人、公司可以說，我在我所做的事
情是全世界最好的？幾乎沒有。」

「你對你公司、員工都有責任，不能浪費這不可思
議的才能。」

「不要浪費時間在別的公司已經做得很好的事，要
去做只有我做得到而別人做不到的事，那才是我們存在
的意義。」

「（科技業充滿著技術、產品的機會）公司要成功，
總裁甚至相關員工要很有高度好奇心；要一直問：如果
這麼做，會不會變得棒、很令人驚嘆、很美妙？

這是一種想像未來的方式。

那麼超前部署，就比較像在玩遊戲，而不是受苦、
掙扎的過程；人要像孩子般看待世界，不要太憤世嫉
俗。」

2. 沒有揮棒，就不會有全壘打

黃仁勳說：「投入新技術（產品），不見得會迎來
趨勢；但如果不投資，就無法創造新時代。」

「作為公司執行長，必須要具備能跟模糊的未來，
舒適共處的能力。」

Business comes and goes,

We make a strategic decision,

That could lead you to a new place.

公司創辦人之一克里斯・馬拉科夫斯基（Chris
Malachowsky, 1959 ～）表示：

「黃仁勳不喜歡當第二名，這代表是輸家。」

二、以 1999 年推出繪圖處理器（Gpy）為例

1. 沒什麼公司「大到打不倒」

1961 年 5 月 25 日，美國甘迺迪總統定下登月目標，美國太空總署（NASA）都還不具備發射長程火箭能力，研發了 8 年，1969 年 7 月，阿波羅 11 號完成人類登陸月球任務。

・自信

黃仁勳說：「當公司很小時，這代表你必須思考出很棒的突破（大公司）的策略，然後專注的執行。」

「你相信自己做的是最棒的事，那麼大公司便沒有什麼了不起了。」

2. 只要有方法，什麼事都有可能

・問題

臺灣一家電腦公司副總經理說：「臺灣同業很喜歡把『按照經驗，這不可能』。」

・黃仁勳的解決之道

黃仁勳會說：「請你用光速思考。」

事後發現，黃仁勳是對的。

4-5 輝達贏在起跑早，歸功於黃仁勳高瞻遠矚
——輝達人工智慧晶片第一階段個人電腦版

1999 年 8 月 31 日，輝達推出第一個圖形處理器（Graphic Processing Unit, GPU），可說是顯示卡（vedio card）加一部分中央處理器（CPU）功能。主要功能是個人電腦、遊戲主機畫面 3C 彩色效果；但其平行運算（parallel computing），使高效能運算（High Performance Computing, HPC）更上一層樓。2010 年起，運用於人工智慧的深度學習（deep learning），開創了輝達人工智慧業務第一階段。

一、總體環境之四科技／環境

1. 1991 年起，資訊科技第二階段網際網路

電玩逐漸與光碟片換成網路下載。

2. 對個人電腦、遊戲主機的影響

此階段，個人使用個人電腦、遊戲主機玩電玩，可上網購買。

二、輝達的因應之道

在網路時代，輝達快速在晶片、技術平台跟上潮流，其中在 2010 年起，支援了人工智慧的發展。

1. 1999 年 10 月 11 日，GeForce286，第一代圖形處理器（GPU）

2. 套用 1991 年 9 月 17 日的 Linux 作業系統

2002 年 12 月輝達推出「C 語言繪圖」（C for Graphics, CG）這是一個程式平台，遊戲開發人士可以運用作為公版，去開發出自己風格。

・缺點有二：晶片功能無法完全支援，此技術平台不見得好用（即遊戲開發人士須花很多時間學習）。

・對公司營收影響:公司營收起色,股價在1美元處躺平。

・黃仁勳表示:「就是因為有 C 語言繪圖,輝達才能極力發展通用型繪圖處理器,才能生存發展。」

三、2005 ～ 2007 年開發統一計算架構(CUDA)

1. 這是「C 語言繪圖」的延伸版

設計人員可以在這技術平台上,使用 C++ 等高階語言,這是由運算部副總裁 Ian Buck(2004 年加入輝達,史丹佛大學電腦科學博士)負責,2007 年 6 月 23 日上線。

2. 2007 ～ 2011 年,乏人問津

營收、淨利未蒙其利,股票市值停留在 10 億美元。

3. 黃仁勳自評

黃仁勳自認沒有比別人更有遠見。

(Well, I do not have any greater insight than anyone-else.)

處理器三雄在圖形處理器與技術平台的進程

一、輝達	圖形處理器	人工智慧晶片
1. 晶片	1999.8.31 GeForce 256 （NV 10）號稱第一個 GPU	迄 2020 年 10 月 2007.6.23
2. 技術平台	輝達（C for graphics, CG） 2002 年微軟稱為高階著色器語言 （High-level shader language, HLSL）	統一計算架構（CUDA）
二、英特爾	1998.2.17	2010.1
1. 晶片	英特爾繪圖加速晶片	核心顯示卡（HD Graphic）
2. 技術平台	2000.6 Open CV CV 指電腦視覺 （computer vision）	
三、超微	2000.4.1	2006.2
1. 晶片	加拿大冶天科技 （ATI）、鐳龍 （Radeon）	超微收購冶天
2. 技術平台		2016.11.14 鐳龍開放計算平台 （Radeon Open Compute, ROCm）

4-6 2010 年起，人工智慧實際運用
——靠的便是輝達的晶片與技術平台

1945 年，電腦（EQNIAC）上市，由於有電腦的計算支援，1953 年起，人工智慧的研究開始起步，下列兩個時間是關鍵點：

· 1991 年人工神經網路；
· 2007 年深度學習。

2011、2012 年業界的兩件大事，掀起全球人工智慧商業化的熱潮。

一、字母公司

字母公司帶頭做人工智慧商業化使用，有幾個大商機，其研發過程關點從 2006 年起。

1. 2007 年，谷歌街景圖

2007 年，史丹佛大學電機系教授德籍美國人特龍
（Sebastian Thrun, 1967 ～），在學校休假一年時，帶領
幾位學生，跟字母公司的相關人士，開發出谷歌街景服
務。

2. 2008 年人工智慧的深度學習

史丹佛大學電機系教授吳恩達（Andrew Ng,
1976 ～），發表一篇論文，如何用圖形處理器在人工智
慧的深度學習。其父母是香港人，移民到英國。

3. 2009 年 1 月，字母公司推動自動駕駛汽車研究

一開始時，是谷歌創意實驗室（Google Lab, 2010 ～
2011 年）下的研究計畫衛摩（Waymo，這是本書譯詞），
2016 年 12 月成立公司。此計畫由特龍主持，有 7 輛車，
在 2012 年 4 月 1 日，對外展示，字母公司兩位創辦人和
總裁在車上。

4. 2010 年，字母公司成立子公司 X 公司

2010 年，字母在加州舊金山灣區成立谷歌 X 公司，後來稱為 X 公司，由兩位創辦人之一謝爾蓋‧布林（Sergey M. Brin, 1973 ～）直轄，布林是史丹佛大學電腦科學碩士。

5. 2010 年，在加州帕羅奧圖市日本料理店

字母公司總裁兼執行長佩吉（Larry Page, 1973 ～）、X 公司主管特龍與吳恩達一起吃晚餐，討論吳恩達加入字母的可能性。

6. 2011 年，字母公司設立谷歌大腦（Google Brain）

由字母公司兩位人員加吳恩達一起主管此研究專案，由於營收很大，之後，此專案由字母直轄（可參見維基百科谷歌大腦）。

7. 2016 年 5 月

字母公司推出自己人工智慧晶片。

二、2012 年

1. 影像網（Image Net）

2009 年由史丹佛大學電機系助理教授李飛飛（Fei-Fei Li, 1976 ～）設立大型視覺資料庫，有 140 萬張圖像，分成 2 萬個類別，例如氣球、草莓。

2. 2010 年起，開始舉辦影像辨識比賽（ILS VR C）

2010 年起，擴大規模，分成 5 類，例如狗的類別有 120 種，經過人工智慧辨識整理後，只剩 90 種。

3. 2011 年，辨識率 75%，或錯誤率 25%

4. 2012 年 9 月 30 日，第三屆比賽——「卷積神精網路」（convolution neural network）

烏克蘭裔加拿大人克里澤夫斯基（Alex Krizhevsky）在比賽中奪魁，他使用輝達 GeForce 卡上線，經過 120 萬張照片的訓練，誤差率 15.3%；這個顯著進步，經過媒體宣傳，人工智慧熱潮由此開啟。

5. 2013 年 3 月

2012 年，他的指導教授傑佛瑞·辛頓（Geoffrey Hinton, 1947～，有深度學習之父之稱）跟他和另一位研究生，在多倫多大學創新育成中心成立 DNN 研究公司。

2013 年 3 月，字母公司收購此公司，這兩位研究生都到字母公司上班，克里澤夫斯基工作到 2017 年 9 月。不過字母公司的著眼是辛頓教授每週幾小時到字母公司上班。

三、2013 年，人工智慧元年

受前景啟發，微軟、元平台（前身臉書）、亞馬遜大幅進軍人工智慧；2016 年《經濟學人》稱 2013 年為人工智慧元年。

4-7 輝達人工智慧晶片第二階段：超級電腦
——伺服器晶片與軟體暨服務

　　2007 年 5 月起，輝達推出伺服器圖形繪圖處理器；從此輝達在人工智慧晶片／服務，從個人電腦（資訊技術第一階段）進入超級電腦（或伺服器），由雲端運算服務公司提供高速計算、資料儲存功能，資訊技術進入第三階段雲端運算。

一、總體環境之四科技／環境

　　俗語說：「來得早，不如來得巧」，輝達從 2007 年推出伺服器晶片，背後總體環境有第四類因素，包括「科技／環境」等。

1. 2002 年 1 月起，3G 手機上市

　　1 月南韓的 SK 通訊、6 月美國威瑞遜通訊都推出 3G 手機；2005 年，全球手機銷量 8.25 億支，成長率 17%，

其中 13% 是 3G 手機，即高達 1.07 億支，但許多是中低
價位。

2. 充分條件

由於有 3G 手機進入成長初期，須要雲瑞運算配合，
於是 2006 年亞馬遜公司旗下子公司亞馬遜雲端運算服務
公司（AWS），3 月 14 日亞馬遜簡易儲存服務（Amazon
S3）、8 月 25 日亞馬遜彈性雲端運算（EC2）相繼上線。

3. 涵意

資訊科技從此進入第三階段「雲瑞運算時代」。

二、近景：黃仁勳看到人工智慧的商機

由於有雲端運算服務的服務，公司、個人可以分租
享受高速運算與軟體服務，資訊服務的取得成本相對低
廉。大約 2006 年下半年，黃仁勳認識一些人工智慧次領
域深度學習的研究人員、大學教授，他們說明了人工智
慧運用的商機，這對他是個很大的啟發。

三、先從硬體下手，重定位輝達及人工智慧運算公司

黃仁勳把輝達的個人電腦、遊戲主機繪圖晶片，逐漸轉行往伺服器（高端的稱為超級電腦）高效運算方向，尤其是人工智慧晶片。

1. 分三階段

這是依輝達統一運算架構（CUDA）作為運算能力（computing capacity，算力）的比重，視為 1，由於 H100 已到 9 倍算力，所以三分法。1 ～ 3 倍視為導入期；4 ～ 6 倍成長初期；6 ～ 9 倍，成長中期。

2. 晶片代碼

輝達晶片種類至少有 4 大類，其中之一是針對電腦中的資訊中心伺服器，其代碼常是來自處理器微架構（microarchitecture）。

例如：

2020 年 5 月推出 A100 晶片，由下表可見微架構是安培（Ampere），算力是統一計算架構（CUDA）標準的 8 倍，此系列便簡稱 A100；A 的 A 取自 Ampere。

2022 年 3 月推出 H100 晶片，微架構採取葛麗絲‧霍普（Grace M. Hopper, 1906～1992）的架構，算力是統一計算架構的 8.9 倍；H100 的 H 取自微架構 Hopper。

四、再進軍軟體服務

2017 年起，輝達透過雲端運算服務公司等，陸續推出「軟體即服務」（Software as a Service, SaaS），以軟體服務來強化晶片對客戶的效益，以預防晶片公司的削價戰。

1. 以自動駕駛服務來說

2023 年年底，特斯拉推出全自動駕駛服務（automated driving system, ADS），車主須上網訂閱此項服務，其中一項是星鏈（Starlink）所提供的汽車位置定位。

2022 年 3 月 8 日，在視訊法說會中，輝達財務長克里斯（Colette Kress）表示，輝達在自動駕駛軟體的軟體服務，由 2024 年德國賓士、2025 年英國積架的路虎汽車導入，車主須向汽車公司訂閱「自動駕駛服務」，而它的背後正是由輝達提供。

輝達硬體與軟體進軍人工智慧伺服器晶片與服務

年月 產業階級	2007.5～2012.5 導入期			2012.11～2017.4 成長初期		2017.5 起 成長中期		
一、伺服器晶片								
1.時	2007.5	2011	2012.5	2012.11	2016.9	2017.5	2020.5	2022.3
2.（處理器）微架構	Tesla	Femi	Keepler	同左	Pascal	Volta	Ampere	Hopper
3.CUDA算力	1 倍	2 倍	3 倍	3.5 倍	6 倍	7 倍	8 倍	9 倍
二、軟體服務								
1.輝達深度學習	Nvidia DIGITS GIGITS: Deep Learning GPU Training System			2015				
2.數據中心網路公司	這屬於軟體即服務（SaaS）（超級電腦出租）			註：2023 年 3 月輝達推出 DGX Cloud		2022.11 跟微軟天藍合作	2022.3.16 跟甲骨文合作	2023.3 跟字母公司合作
3.4C：汽車電子之自動駕駛系統				Drive AGX Orin 售價 1000 美元		2019.12 宣布		2023.3 推出

Ⓡ 伍忠賢，2023 年 7 月 9 日。

* 資料來源：英文維基百科（list of Nvidia graphics processing units）。

** 資料來源：雅虎財經，2020 年 9 月 15 日。

4-8 2007 年起，黃仁勳重定位輝達
──人工智慧晶片公司

2007 年起，黃仁勳把輝達由個人電腦、遊戲主機顯示卡業務切入雲端運算服務公司的伺服器晶片／服務，轉型，朝不同的行業發展。

公司轉行對員工來說，舊事業的員工將如何轉到新事業部，去從事新行業的研發、生產和行銷業務，這對公司來說，是組織變革（organizational change）。

一、套用舊約聖經中「出埃及記」

大約西元前 1290 年，摩西帶領在埃及居住的以色列人出埃及，男人約 2 萬人（代表全部人口）。

1. 願景：迦南是「流奶與蜜之地」

摩西告訴以色列人到迦南地（大約約旦河谷）有牛奶和「蜂蜜」（註：3000 年前，約旦已盛行養蜂採蜜業），

這比沙漠占 95% 的埃及土地好太多了。

2. 人民經常挫折，挑戰摩西

由於出埃及過程餐風露宿，從埃及到以色列西奈山，700 多公里約花了 3 個月；但因為找不到容身之處，在各國的曠野流浪近 40 年。（摘自聖經分享）

這期間，摩西的權威大受挑戰。

二、公司的變革管理

2016 年 9 月 26 日，臺灣的《商業周刊》刊出訪問黃仁勳的文章，重點如下：

1. 遠景驅動，例如摩西說迦南是「流奶與蜜之地」

黃仁勳說：

「如同改變河流方向一樣，要挖新的河道，同樣的，我像基督、天主教傳教士傳道一樣，我每天說一點、作一點，描繪出新未來，去激發員工們跟隨，這很難。」

2. 時然後言,人不厭其言

當人工智慧有新事證,就可證明輝達超前部署是對的。

當公司某部門有小小進展,黃仁勳會表揚、慶祝,如同對待自己子女作了好事,父母會誇獎子女:「你做得很棒;同樣的,我對部屬也是。」

3. 員工參與決策過程,無所謂「忠言逆耳」

黃仁勳表示:

「我常把意見拿出來公開討論,員工批評或質疑我的策略、政策,我是沒有任何芥蒂的。」

4-9 在深度學習人工智慧晶片，輝達領先對手四年以上
——創新擴散模型

　　當我們依時間順序把人工智慧晶片（註：沒有明確定義），輝達、超微和英特爾的晶片、技術支援平台作出比較，才發現輝達至少領先超微 4 年、英特爾 9 年。

　　以創新擴散模型為架構，能夠贏在起跑點，當然是黃仁勳的高瞻遠矚。

一、創新擴散模型

　　1962 年，美國俄亥俄州立大學大眾傳播系教授羅傑斯（Everett M. Rogers, 1931 ～ 2004），在其出版的《創新擴散模型》（*Diffusion of Innovations*）一書提及此一概論。

二、開發者技術平台

又稱：

·工具箱（toolkit），甚至簡稱成套工具（kit）

·開發者平台（development platform）

這常包括平台三部分：

·硬體；

·軟體；

·作業系統。

開發者平台在協助開發者了解此「晶片」的架構（繪圖方式），以協助開發中開發出應用程式界面。

三、三雄的開發者技術平台

1. 創新者，輝達，2007 年 6 月 22 日，統一計算架構

2. 早期大眾、超微，2016 年 11 月 14 日

超微的鐳龍開放計算（Radeor Open Compute, ROCm），宣稱比輝達的工具包廣，2023 年出到第五版

ROCm 5，對應 MI 200 晶片。

· 資訊系統：雲端運算、資料儲存且高效能運算

· 適 用 電 腦 語 言 多：Open CC、Open ML（ 例 如
PyTorch、Tensur F）

· 合作夥伴多：產業鏈分為設計代工公司（14 家）、伺
服器（資料中心）品牌公司（8 家）和雲端服務公司 6
家（前 6 大）。

3. 晚期大眾，英特爾，2022 年才推出，分兩個部分

· 2022 年 1 月 29 日，一個應用程式介面（One-API-The
Cross Architecutre Programming Model），這由先進製
程與軟體部負責，下列二位副總裁：

    1. 軟體產品與生態系統總經理 Jue Curley

    2. 開發者軟體 Sanjv Shah

· 2022 年 7 月 12 日，英特爾人工智慧分析工具箱
AI Analytics Toolkit，簡稱 Intel AI Toolkit。

四、人工智慧中的深度學習功能

1. 創新者，輝達，2007 年 5 月 2 日

這從輝達「特斯拉」系列晶片開始，這是向交流電動機之父「尼古拉・特斯拉」（Nikola Tesla, 1856 ～ 1943）致敬，跟 2003 年 7 月創立的特斯拉公司一樣法。

2. 早期大眾、英特爾、超微，2012 年 8 月 22 日

超微這晶片採取電玩的命名，Fire Pro 5 有二個意思，一是火力支援，一是「專業」（professional），這是網路通用頂級域之一，指具有特定從業資質的專業人士和組織註冊。

這晶片是向輝達的「特斯拉」系列挑戰，2016 年 11 月到 2020 年 12 月改名為「鐳龍直覺」（Raedeon Instint）；2020 年 11 月起，晚期大眾、英特爾；2022 年 8 月 22 日，老橋晶片（Ponte Vecchio）。

・效能：英特爾比「輝達 A100 晶片」高 2.5 倍效能。
・命名：義大利的「老橋」（Ponte Vecchio），位於佛羅倫斯市，1345 年完工，最大跨度 30 公尺，流行景點之一，是在老橋兩端網上，情侶會買鎖來掛上。

創新擴散模型下的伺服器人工智慧晶片上市

中文	創新者	早期採用者	早期大眾	晚期大眾	落後者
英文 占比重	Innovators 2.5%	early adopters 13.5%	Early majority 34%	Late majority 34%	Laggards 16%
期間	2006～ 2010 年	2011～ 2015 年	2016～ 2020 年	2021～ 2025 年	
一、伺服器晶片					
1. 輝達 特斯拉系列	2007.5.2 CUDA 占 1 倍		2020.5.14 A100 8 倍	2022.3.22 H100 9 倍	
2. 英特爾			2016.12.12 至強核融核協處理器（Xeon Phi）	2022.8.22 老橋 （Ponte Vecchio）	
3. 超微		2012.8.17 （Fire Pro 5 系列） 跟輝達、特斯拉對抗	2016.12～ 2020.10 鐳龍直覺 （Radeon Instinct）	2020.11 MI 100	2023.6.14 MI300X 宣布 2024.3 左右上市

中文	創新者	早期採用者	早期大眾	晚期大眾	落後者
二、技術開發平台					
1. 輝達	2007.6.23 統一計算架構 （CUDA） (編輯器)				
2. 英特爾				2022 1.19 應用程式介面	2022 7.12 人工智慧分析工具箱
3. 超微			2016.11.10 鐳龍開放計算 （Radeon Open Compute）		

Ⓡ 伍忠賢 2023 年 7 月 27 日。

4-10 現象級企業家條件一：公開承認

　　如果你在網路維基百科中查詢每位現象級企業家的
檔案，皆有不凡的得獎紀錄。

一、全景

　　為了有系統說明世界公開承認的「現象級企業家」
的貢獻，可以從兩個角度呈現：

1. 地理範圍

　　大都由一城市到一國，一國到跨國，跨洲到全球，
像漣漪一般，由內到外。

2. 媒體與機構

　　大部分由二線媒體到一線媒體（或機構）去承認其
貢獻。

二、最簡單的形容詞

2020 年 10 月 29 日，日本軟銀集團總裁孫正義，在日本東京都，舉行軟銀世界大會，跟黃仁勳線上對話。他表示 2016 年，跟黃仁勳吃過飯，孫正義說：

「蘋果公司賈伯斯的一大貢獻是 iPhone，從此改變了人類的生活，那是過去十年的事，我認為接下來十年，影響人類生活的人將是你（黃仁勳）。」

全球公開承認黃仁勳的貢獻

地理範圍	時	公司／人	事
一、全球			
二、洲			
（一）歐洲	2020 年 10 月	歐洲之星的車輛新聞	年度供貨公司執行長（Supplier CEO of the year）
三、國	2021 年 8 月	美國半導體協會（SIA）	這是晶片業最高榮譽，勞勃‧諾伊斯獎（Robert N. Noyce Award）
	2021 年 7 月	美國工程師協會	註：他是英特爾兩位創辦人之一，年度終生成就獎

地理範圍	時	公司／人	事
1.線媒體	2021 年 9 月 16 日	時 代 雜 誌 （Times）	全 球 百 大 影 響 人 士（Time 100）, 六 大 類 之 一 革 新 者 （innovators）, 黃 仁勳當封面，另有特 斯拉總裁伊隆・馬斯 克；黃仁勳完成一項 革新，讓智慧型手機 能夠跟使用者對答, 讓醫生有機會預測新 藥特性
1.線媒體	2019 年	哈佛大學旗下 《哈佛商業評 論》	100 位 最 佳 執 行 長 第 一 名（Best-Performing CEOs in the world）
1.線媒體	2017 年	《財星》雜誌	年度企業人士 （Business Person of the year）
2.2 線機構			
3.3 線機構或 媒體	2018 年	CRM com，資 訊業網路媒體	全 球 50 大 影 響 人 士 （Edge 50）
	2003 年	半 導 體 協 會 （ F S A ）, 1994 年成立	張忠謀博士模範領袖 獎（Dr. Morris Chang Exemplary Leadership Award）
	1999 年	安永會計師事 務 所（Ernst & Young）	高科技業年度企業家

4-11 現象級企業家條件二：非凡影響

從兩個角度來分析黃仁勳的影響。

一、輝達對科技的影響

1. 英特爾中央處理器（CPU）

依據英特爾兩位創辦人之一摩爾（Gordon E. Moore, 1929～2023）1975 年的摩爾定律（Moore's Law），單一晶片平均 24 月電晶體數月翻倍，或換另一句話說，成本降低一半，至於 18 個月是事業部總經理豪斯（David House, 1947～），大約在 1977 年所提出的。

2. 輝達的黃氏定律

輝達設立三組研發處，接力研發各版，繪圖處理器每 6 個月推出一版，比摩爾定理的 18 個月，輝達只花三分之一時間。

2018 年 5 月，在美國加州聖荷西市的輝達技術會議

中，黃仁勳稱此為「黃氏定理」（Huang's Law）。

二、黃仁勳溢酬：對輝達股價的影響

2023 年 5 月 24 日，Malise Holder 在「History Computer. Com」上文章「How Much of NVIDIA Does Jensen Huang Actually Own?」，文中有一段跟同業相比，輝達本益比此同業多出 15%，此稱為「黃仁勳溢酬」（Jensen Huang premium）。意思是說，一旦他離開公司，輝達本益比會降低。

Chapter Five

輝達的組織管理贏在執行力

輝達、英特爾與超微的組織管理分析，兼論黃仁勳領導型態與技巧

「企業管理」的本質是「因人成事」（Rely on others for success in work）。

一人的攤販商店，沒有員工，把東西賣好即可。

但是公司大了後，員工越多（像輝達 26200 位）越須要組織、人力資源管理，把公司各部門整合起來，把各位優秀找進來，激勵、培養，如此才能把策略化成經營結果。

贏在執行力：企管中的組織、人力資源管理

　　企管中策略管理，強調「對的策略，成功的一半」；就像漢武帝時，根據司馬遷在《史記》中（漢高祖本紀）所記載中，劉邦形容張良（字子房）是「運籌帷幄，決勝千里」。

　　那麼成功的另一半便在於「執行」（execution），也就是公司總裁兼執行長帶領員工，像指揮帶著交響樂團般，需越快速進入狀況，才能把貝多芬等交響樂曲演奏出來。

　　執行力的重點，往往偏重在企管課程中的組織、人力資源管理。

贏在執行力重點

管理活動	1978 年美國麥肯錫公司成功企業七要素（7S）	企業課程
一、規劃	0	
0. 目標		
	策略（strategy） 組織設計（structure） 獎勵制度 （reward system）	大四策略管理 大三、碩一 組織管理 大三、碩一 人力資源管理
二、執行	企業文化 （shared value） 用人（staffing） 領導型態（style） 領導技巧（skill）	組管 人資 組管 組管
三、控制		人資

5-1 企業：員工評論

公司產品、服務好不好，顧客是知道，所以常見有顧客滿意程度指數、公司品牌價值與淨推薦分數等等，做為評量依據。

延伸這觀念，人力資源仲介公司也對各公司員工進行網路問卷調查，讓求職者可以看到公司員工的評比，而且跟同業、附近公司與大型公司三者做比較。

當我們看了這項資料後，可以發現各公司組織、人力資源管理的好壞高低，皆有員工打分數，如此來做評論，就很科學了。

一、員工評論

套用 1085 年北宋蘇軾在好友高僧法號惠崇的「春江晚景」之「鴨戲圖」畫上所題詩「春江水暖鴨先知」，公司所組織、人力資源管得好不好，當然是公司員工最清楚，稱為員工評論（employee reviews）。

二、人力仲介公司作的公司員工評論

美國約 10 家人力仲介公司為了讓求職者知道大型公司員工對組織、人力資源管理的評論，這是各公司員工上網填問卷，大致分類如下：

·二大類：組織、人力資源管理
·16 中類：組織管理 6 中類、人管 10 中類

本書以比較的（Comparably Inc.）公司資料為準。

美國加州聖塔莫尼卡市的比較的公司（2015 年成立，2022 年 5 月倍 ZOOM Info 收購），會依各公司員工所留公司電子信箱去印證其身分，再加上回卷人數多、調查項目（16 中類）、時間久（每月更新），因為資料豐富，所以本書加以採用。

三、公司組織管理能力量表

1. 問題：沒分類、單項單項看

美國人力資源仲介公司比較的公司比較項目至少 16

項，包括組織、人力資源管理，都是單項的，沒有分類加總。

2. 解決之道：公司組織管理能力量表（伍忠賢 2021）

以公司組織管理能力，及人力資源管理量表來加以評斷。

3. 相對排名才重要

各公司的每題分數高低，有兩種比較方式：

‧跟 1 萬名員工 1341 家公司比
本書採取這個比較方式，例如 A+ 是指名列前 5%，這才重要，絕對分數不重要。

‧跟同業 6 家比（在面板上按下 competitors 這選項，便會得到評分的結果）
以晶片設計來說，共 6 家，第一名 A++ 的 IBM，另輝達、超微、高通、英特爾、諾頓（Norton，前名賽門鐵克，Symantec）。

5-2 員工對組織管理能力的評分
——輝達 82（A）、英特爾 72（B-）與超微 78（A-）分

　　先說結論，總的來說，輝達員工對公司組織、人資管理打 82 分（A 級）、英特爾 72 分（B- 級）與超微 78 分（A- 級）。

一、三雄評分結果

　　簡單的說，輝達組織管理能力優於超微，再優於英特爾。

1. 輝達 82 分（A 級）
2. 英特爾 72 分（B- 級）
3. 超微 78 分（A- 級）

輝達、英特爾與超微員工評論

大分類／小分類 （16 項）	輝達		英特爾		超微	
	得分	排名	得分	排名	得分	排名
○、回卷人數	383		821		379	
一、組織管理 （一）環境 （environment）	75	A 前 10%	68	C+ 前 50%	72	B 前 25%
（二）企業文化 （overview 中的 culture）	80 4.6 分	6 家第 2 IBM 81 A+	70 3.9 分	第 5 第 4 高通 B	76 4.4 分 （滿分 5 分）	第 3 A
（三）領導 （leadership）	88	A+	75	B+	86	A+
（四）團隊 （team）	84	A 前 10%	73 分	B- 前 40%	79	B+ 前 20%
小計／4 項平均	81.75	A	71.5	B- 前 40%	78.25	A-

® 伍忠賢，2023 年 7 月 20 日。

5-3 員工對工作環境評分

——輝達 75、英特爾 68 與超微 76 分

　　光看這樣的評分，輝達跟超微同一級（A-），英特爾 68 分（B- 級）。

　　光一個員工對公司工作環境的評分，大概有 7 題，詳見下表第四欄。

　　本書把它分兩大（第一欄）、五中類（第三欄），至於細項給分可能太花篇幅，美國加州比較的公司沒有列出。

針對工作環境的評分

大分類	中分類	小分類	細分類
一、現狀評分，20項	（一）策略		・策略與遠景 ・目標：員工都是為了公司目標而努力，以讓公司更好
	（二）組織管理	1. 環境	・很健康的工作環境，工作與生活平衡 ・對在家上班的員工，給予充分協助 ・聚焦於先進的工作，電腦等資源，工作流程快速 ・企業社會變化：公司透過科技產品等能改善全球環境
		2. 企業文化	・向前看 ・公司充滿著樂觀、激勵的迎接未來 ・共享願景，智慧式誠實，彈性、多樣化
		3. 領導	・總裁與高階主管會聆聽員工聲音 ・工作節奏快，但允許員工開玩笑，很透明、公開 ・員工受到主管驅動（drive），且有資源 ・主管清楚的向員工說明公司使命等，並且說明我們的工作對客戶的重要

大分類	中分類	小分類	細分類
		4. 團隊	·同事間相處愉快，不會互相插刀子 ·同事間互助，很高品質的社交互動 ·員工是和善的，尊重他人且目標導向
	（三）人力資源管理	1. 招募	·員工間彼此尊重，沒有坐井觀天（部門主義、穀倉效應），開放各部門員工能一起工作，公司鼓勵員工學習與探索 ·多樣化：漢堡與起司跟薯條很搭 ·包容：公司聆聽每位員工的心聲，且歡迎員工的點子
二、如何讓公司更好	（一）創業精神		如何使公司永遠都像初創業的第一天
	（二）組織管理		要留意給員工有更多生活時間

資料來源：整理自 Comparably 公司，Nvidia Enviorment employee reviews。

員工對企業文化評分
——輝達 80、英特爾 70 與超微 76 分

公司的企業文化看似飄渺，如果簡單的說，這可以二分法：

· 往外看，這偏重抓商機，公司會很積極，
· 授權程度：分權與集權。

由這來看，雄才大略的人，會喜歡往外看、分權的企業文化，可以開疆闢土。

一、資料來源

在比較的公司的員工討論中，菜單上沒有「企業文化」這項，我打「Nvidia vs Intel which one is better for employee to work?」，就出現隱藏版菜單，其中一項是員工對企業文化評分。

二、問卷題目

1. 企業文化

由下表第二欄可見,有 12 小項。

2. 分類

由表第一欄可見,分成兩大類:組織與人力資源管理,其下再分中類。

三、三雄分數比較

三家公司在企業文化得分相近,不同級。

· 輝達 80 分,A 級;
· 英特爾 70 分,B- 級;
· 超微 76 分,A- 級。

輝達、英特爾與超微員工對企業文化評分

大分類	題目	回卷員工數		
		輝達	英特爾	超微
		390	82	382
○、全部		80	70	76
一、組織管理				
（一）環境文化	1. Is your work enviorment positive or negative? 2. What's the work pace at your company?	75	67	72
（二）領導	1. Are your company's goal clear and are you invested in them? 2. Do your boss hurt your company culture? 3. Do you feel comfortable giving your boss negative feed back? 4. Do you approve of the job your executive team is doing at your company?	82	69	81
（三）團隊文化	1. Are your company's meetings effective? 2. What do your coworkers need to improve and how could you work together better?	82	73	80
（四）員工情緒文化	1. What is going wrong and how can it be improved? 2. What would you most like to see improved at your company?	85	72	78
二、人力資源管理				

大分類	題目	回卷員工數		
		輝達	英特爾	超微
		390	82	382
（一）薪資	1. How often do you get a raise? 2. Does your company give annual bonus?	79	74	－

資料來源：整理自 Comparably, Intel vs NVIDIA, AMD。

5-5 員工對三級主管階層的評分
——輝達 A+ 級、英特爾 B 級與超微 A 級

　　陸劇《天下長河》，講的是清聖祖康熙皇帝（1654～1722，羅晉飾），在康熙 16 年（1677），任命安徽巡撫靳輔（1633～1692，黃志忠飾）擔任河道總督。

　　靳輔向康熙皇帝取得財政、人事、軍權（河道兵）三權，他上奏說：「貪官很少，清官也很少；大部分官員都率由舊章，作得好壞，看誰在帶。」

　　這句話貼切說明「打戰靠幹部」，而三家公司員工對三級主管的評分如何？

一、題目

1. 針對董事長、總裁

　　一是針對經營型態、一是經營績效。

2. 針對副總裁與經理

二、董事長（含總裁）得分

1. 輝達黃仁勳 88 分，A+ 級

有時員工大都只能從內部的電子郵件、總裁在外媒體曝光來評分，黃仁勳在這兩方面都有優勢。

2. 英特爾格爾辛格 75 分，B+ 級

2021 年 2 月，接任英特爾總裁，面臨營收 2021 年 790 億美元高峰，重挫至 2022 年 631 億美元，大跌二成，被員工看扁。

3. 超微蘇姿丰 86 分，A+ 級

蘇姿丰（Lisa Su）在臺灣有「半導體女王」（Queen of semiconductors）之稱，在美國也因帶領超微由虧（2012 ～ 2017）轉盈（2018 年起），有半導體業李·艾科卡（Lido A. Iacocca, 1924 ～ 2019）之喻。艾科卡是 1979 ～ 1992 年，讓美國第四大汽車公司克萊斯勒反虧為

盈的傳奇人物。

三、第一到第四級主管

1. 副總裁（executive），包括執行、資深與副總裁

　　員工針對其直屬的副總裁去評分，輝達 81 分（A+
級）、英特爾 65 分（C+ 級）與超微 79 分（A 級）。英
特爾副總裁得分低，總裁格爾辛格可能「領導無方」或
「用人不當」。

2. 經理級：第五級主管

　　輝達 80 分（A 級）、英特爾 71 分（B 級）與超微
78 分（A 級）、這其中較特殊的是英特爾，三流水準的
副總裁竟能帶出二流水準的經理。

員工對三級主管領導能力評分

三大類	輝達	英特爾	超微
0 員工數（萬人）	2.62	13.2	2.5
0.1 問卷人數	380	820	373
一、董事長（CEO）	黃仁勳	格爾辛格（總裁）	蘇姿丰
（一）得分 排名：1339 家 1 萬人以上公司	88 分（A+） 前 5%	75 分（B+） 前 20%	86 分（A+） 前 5%
（二）兩題			
2.1. 經營型態 （managenet style）			
・同意（yes）	69	57	57
・不同意（no）	31	43	43
2.2. 經營績效（%）			
・極佳（excellent）	67	16	60
・佳（good）	22	32	20
・普通（average）	11	24	20
・差（poor）	0	20	0
・很差（very bad）	0	8	0
二、副總裁（executive）	81（A+）	65（C+）	79（A）
三、經理級（managers）	80（A）	71（B）	78（A）

資料來源：整理自美國 Comparably 公司，2023 年 7 月 8 日，
　　　　　你打某某公司 Leadership employees reviews，便會出
　　　　　現。

5-6 員工對主管領導技巧評論
——輝達 A、英特爾 B 與超微 A 級

員工對主管的評分，是另一個受關心的議題。

一、題目

員工對主管評分項目才三題。

第一小項是「負面」的，俗稱「慣老闆」（spoiled boss），以此項來說，在員工休假期間，輝達的 70% 主管仍會要求員工工作（主要是在家加班）；英特爾最佳，才 39%。

二、三家公司評分

由下表中可見，三項沒有加總分，大致表列出來。

1. 輝達 A 級

輝達在第三項會高分，80% 員工覺得可以向主管「進忠言」。

2. 英特爾 B 級

英特爾在第一項得高分，放假就是放假，不會要求員工加班。

3. 超微 A 級

超微在主管回饋得高分，37% 主管每週會向員工回報其工作績效。

員工與主管關係   單位：％

	項目		輝達	英特爾	超微
0. 總分			A 級	B 級	A 級
1. 假日工作	Do your boss expect you to work when your are on vacation?	V X	70 20	39 61	67 33
2. 主管回饋	How often do you get valuable feedback on how to improve at work?	一週 一個月 一季 一年 沒	13 35 13 26 13	15 25 23 22 15	37 14 21 21 7
3. 忠言逆耳	Do you feel comfortable giving your boss negative feeback?	V X	80 20	64 36	75 25

資料來源：整理自 Compabraly, 2023 年 7 月。

5-7 黃仁勳採取「非指引型教練」管理

　　許多公司經營者都關心黃仁勳對部屬的領導型態，套用管理學或組織管理「領導」的說法，擔任輝達董事長兼總裁，黃仁勳採取的是「非指引型教練」（Non-Directive Coaching）領導方式，這也須要自己信任部屬（的能力），且不高估自己的能力（即不要誤以為官大學問大）。

一、已知情況

　　2023 年輝達 2.62 萬位員工，基於控制幅度，黃仁勳直轄 40 人。

・執行副總裁 5 人，稱為「執行層」（cxecutive）；
・資深副總裁 12 人；
・副總裁：約 23 人，例如人資長下轄二部二處。

二、處理狀況

1. 正常情況

　　黃仁勳不會對任何一個部屬，作一對一指導，但會提出他的問題，以協助部屬思考，構思出更好的方案。

　　黃仁勳不對部屬提「建議」、「指示」的原因在於「聞道有先後，術業有專攻」，每個人在他（或她）工作範圍內都比黃仁勳懂得深。

　　但他的優劣有二：

· 看得「廣」：包括同業（超微、英特爾）、客戶；甚至在公司內也是縱覽全局。

· 看得「遠」：知道產業、公司未來發展趨勢。

2. 異常情況

　　如果有主管的工作偏離方向，黃仁勳會直接講出來。

三、跟主管間的溝通

1. 電子郵件為主

每位主管每個工作天會寫一封電子郵件給黃仁勳，重點是「最重要的五件事」；他會看完，自稱每天大概看了 100 本書。

2. 不讀

黃仁勳不讀任何狀態報告，原因有二：一是可能報告內容過時，二是加了作者的視角。

3. 由下到下

在黃仁勳決定一項重大決策前，會透過電子郵件發給 40 位主管，主管們會有意見回饋給他，他再斟酌修正。

四、針對一般型會議

針對直轄 40 位主管以外的溝通，黃仁勳會到各部門跟主管和員工開會，其中有些是新進員工，皆可發表意見，這是透過員工參與（政策）討論，提高員工認同

（employee engagement）很重要的部分。

　　黃仁勳會說明他下決策的推理過程。

公司各組織層級適配的領導型態

組織層級	職級	領導型態	主管
一、高階	一級主管 執行副總 二級主管 資深副總	1. 非指導型教練 （Non-Directive Coaching）	·低主張 ·高質詢 註：比較像在教博士班
二、中階	三級主管 副總		
	四級主管 （協理、處長）		
三、低階 襄理、副理		2. 情境式教練 （situational coaching）	高主張 高質詢 註：比較像教碩士班
員工，尤其新進（6～12個月）		3. 指引型教練 （directive coaching）	高主張 低質詢 註：比較像教高中以下

Ⓡ 伍忠賢，2023 年 7 月 14 日。

5-8 黃仁勳的領導型態

2010 年 6 月 5 日，《紐約時報》記者專訪黃仁勳。

針對黃仁勳的領導型態（leadership style），《紐約時報》有番深入的報導。

一、黃仁勳不覺得自己天縱英明

1. 承辦人永遠知道的比總裁深入

「各部門主管（資深副總裁以上）在其領域內，懂得比我（黃仁勳）多。」

2. 總裁（黃仁勳）的優勢

這是因為總裁比大部分高階主管具有下列優勢。

・高度：以站著致辭來比喻，看得到會議桌各角落；
・深度：經驗、直覺；
・複雜度：看事情可看到其背後複雜度。

所以會比部屬有獨特的視野（unique perspection）。

3. 協助各高階管理者決策更棒

黃仁勳認為聽完高階主管的報告後，再透過探測、問問題（probing），可以達成更大目標等。

總裁的功能在於讓部屬的點子更上一層樓（make a great idea better），給每件事附加價值（to add value to just about everything）。

二、有關如何領導

從 1995 ～ 1996 年公司創業前兩年的產品失敗，輝達公司幾乎倒閉，也讓黃仁勳學到一些「領導特質」（leadership traits）。

1. 主管認錯

縱使黃仁勳拿到地球上最差的牌，但他承認策略、技術、產品樣樣錯，有錯必改，仍有機會贏，公司仍可能逆轉勝，成為偉大公司。

2. 員工要有人帶領

　　惟有公司總裁打從心裡要把公司往偉大方向帶領，才有可能激發（部分）員工跟著前進。

　　惟有公司總裁熱愛工作，才有可能影響（部分）員工熱愛工作。

5-9 黃仁勳的領導技巧

許多輝達員工表達對黃仁勳領導技巧的看法。

1. 溝通沒距離

員工認為黃仁勳在溝通時,會分享更多直接的看法,很少出現「官話」,縱使在洗手間碰到他,他也是平易近人的跟人打招呼、說話。

2. 風行草偃

這沒有上下階層的溝通方式,是由上到下形成的風氣。

3. 員工對黃仁勳

有些員工對老闆黃仁勳的喜歡程度,已到了把他當偶像。(部分摘自《數位時代》雙週刊,2023年6月21日)

員工對團隊精神評分
—— 輝達 84、英特爾 76 與超微 80 分

　　人們去上班，從馬斯洛需求層級來說，這屬於第三層「社會親和」，簡單的說，便是交朋友；如果交到朋友，下班後吃飯玩在一起，上班變得很有意思。

　　站在公司角度，同一部門的同一組（主管是經理級的 20 個人以內），工作往往有上中下游關係，比較像汽車組裝線的一個工作站；如果彼此互助，那會像交響樂團一樣和諧；或是像籃球（或足球）隊一樣，發揮團隊精神，遠勝過單打獨鬥的個人英雄主義。

　　以下說明處理器三雄，員工對公司團隊精神的評分究竟如何？

一、題目

1. 評分項目

　　評分項目 4 小項，在下表中第一欄，分成兩大題（工

作、人際關係）、人際關係再分兩中類（主管、同事）。

2. 受訪人數

在下表中第一列中有三家公司填答問卷的人數，只有回卷總人數的三分之一，即員工對回答「團隊合作」這中類好像興趣不高。而且因為人數只有 200 人，代表性較低。

二、員工評分

三家公司分數看似相近，但落於不同等級。

1. 輝達 84 分（A+ 級）

以四項小題目來說，輝達只有第二小項 70 分，小於英特爾的 73 分。

2. 英特爾 76 分（B- 級）

英特爾也只有在第二小項分數高，其他三項皆墊底。

3. 超微 80 分（A- 級）

超微表現平均。

員工評論對公司團隊精神的評分　　　　　　　　　　單位：%

大分類	項目	回卷數	輝達 172	英特爾 384	超微 118
〇、總評			84 分（A+ 級）	76 分（B- 級）	80 分（A 級）
一、工作	公司開會有效率？	V	74	57	69
		X	26	43	31
二、人際關係					
（一）主管	你主管有沒維護企業文化？	V	70	73	63
		X	30	27	37
（二）同事					
1. 工作	你同事的工作水準？	V	74	57	69
		X	26	43	31
2. 朋友關係	你期待跟同事互動？	V	85	80	86
		X	15	20	10

資料來源：整理自 Comparably，2023 年 7 月。

Chapter Six

輝達的策略性人力資源管理

幸福企業的標竿學習

員工到公司上班，主要是「求財」，這是最基本的。

許多「幸福企業」（Happy company）的評量也以此最大項，但比較美國的公司幸福企業」「Happiest Employees」的各項標準級員工評論，答案不一。來分析處理器三雄各有不同。

6-1 人力資源暨組織設計

　　2023 年度（視為 2022 年）輝達員工人數 2.25 萬人，營收 270 億美元；臺灣較接近的同業是聯發科員工 1.7 萬人，營收約 170 億美元。從 2010 年以來，營收、員工人數的圖，再說明人資部門分成二個三級部（副總裁級）、二個四級獨立處（主管稱為 head）。加上把營收與員工數目相比，可分析輝達的人資發展。

1. 人均營收

　　輝達人均營收 120 萬美元、英特爾 52 萬美元、超微 94.4 萬美元，輝達產品定價較高，人均營收也較高。

2. 人均營收趨勢分析

　　人均營收趨勢是上升的，例如 2020 年度人均營收 79 萬美元。

一、人資部編制

輝達的人資部編制不大，約 500 人左右，一人服務 524 名員工。

二、人資長雪莉‧西隆

由領英可查到人資長雪莉‧西隆的學經歷，可說是專業科班學歷，資歷一級強，在一線公司通用電器從基層歷練起，到亞馬遜擔任中高層人資主管。

1. 資歷

人資長雪莉‧西隆 2012 年 1 月～ 2017 年 4 月，在亞馬遜的消費者事業群擔任人資副總裁，2005 年 11 月～ 2012 年 1 月，亞馬遜零售與亞洲事業群人資副總裁。之前，1992 年 6 月～ 2005 年 10 月，通用電器集團。

2. 學歷

人資長雪莉‧西隆是杜克大學企管碩士（1999），康乃爾大學學士（1992）工業與勞工關係。

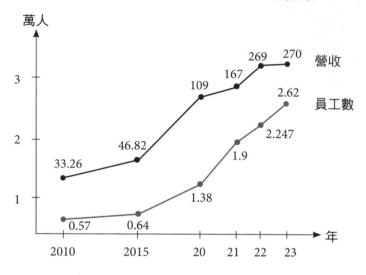

輝達營收（億美元）與員工人數（萬人）

輝達人資管理部主要主管

功能	職級	姓名 姓別	說明
○.人資長	資深副總裁	Shelly Cerio（女）	2017 年 5 月到任
一、招募	處長	Linsey Duran	例如中歐非中東招募處長 Mike Clement
二、薪資與績效評估	資深經理 副總裁	Nichole Drumgoole（非裔，女） Mason Stubble-field	Nichole 擔任「多元與包容」計畫主管
三、人資（全球）	副總裁	Beau Davidson 下轄 2 個處以上 ‧全球人資運作（operation） ‧全球薪資	1994 年加州大學沙加緬度分校大眾傳播學士
四、工程	處長	Nilufer Koechlin（女）	

資料來源：整理自 Orgio 公司旗下 The org.com。

輝達、英特爾與超微
── 員工上班五成為了「錢」

　　了解處理器三雄的營收、員工人數、員工平均年薪
（薪水、福利加津貼），再加上網路調查員工到公司工
作的原因，這很重要，如此能知道員工喜歡什麼，才能
投其所好。

一、效益成本分析

　　公司聘用員工，如果把員工當成五種生產因素之
一，那麼便可運用效益成本分析，算出「績效成本值」
（performance-cost ratio, pc ratio）。

1. 效益

　　公司的年營收除以員工人數，便可得到員工平均年
營收，輝達是 102 萬美元、超微是 94.4 萬美元與英特爾
是 47.7 萬美元，英特爾較低的原因很簡單，它在全球 10

個地方有 15 座晶圓廠，有許多作業員，套用晶圓代工霸主台積電的數字，約占員工人數三成。

2. 成本

三家公司員工平均薪資是美國加州比較的公司網路調查結果。由下表可見，輝達員工年薪平均數 14.35 萬美元、英特爾 13.22 萬美元與超微 10.3 萬美元。

3. 益本比或績效成本比

把平均營收除以平均年薪，便可得績效成本比。

由高往下排列超微是 9.15 倍、輝達 8.36 倍、英特爾 3.61 倍，超微花 1 美元付給員工，員工替公司賺進營收 9.15 美元，花小錢賺大錢。

二、員工到公司上班動機

1. 資料來源：比較的公司選項

以「入職日」（onboarding）來說，其中有四個小項，其中「適應環境」（get acclimsted）中有三個細項，其中問到「員工上班的主要動機」。

2. 上班動機：50% 是為了「薪資」

　　整理自美國加州 Comparably 公司 2023 年 7 月的資料顯示，員工到公司上班的考量，分成兩中類。

・人力資源管理類：50% 左右是為了薪資，13% 以下是為了職涯進步。

・組織管理類：這包括三中類，其中比較大的是人際關係中的同事，英特爾員工特喜歡公司環境。

輝達、英特爾與超微員工效益成本比

效益成本分析	輝達	英特爾	超微
損益表	2023 年底	2022 年	2022 年
(1) 營收（億美元）	270	630.5	236
(2) 員工人數（萬人）	2.25	13.2	2.5
(3) 平均營收（萬美元）＝ (1)/(2)	120	47.71	94.4
二、成本			
(4) 每人平均薪資（萬美元）*	14.3472	13.2248	10.3119
(5) 效益成本分析＝ (3)/(4)（倍）	7.183 倍	3.937 倍	9.155 倍
三、員工上班原因	%	%	%
（一）人資管理			
·薪資	54	47	50
·職涯進步	8	13	0
（二）組織管理			
·公司使命	8	10	0
·人際關係之同仁	15	7	17
·環境	15	23	0

*資料來源：整理自美國加州 Comparably 公司，2023 年 7 月。

6-3 全景：策略性人力資源管理

進到百貨公司一樓，你可以在詢問台或電梯內看到 12 樓各樓層的營業項目，你就可以直接到達目的地。同樣的，各單元的順序是有邏輯的。

一、第一個角度：大意分解

光從名詞上來看，策略性人力資源管理可以拆解成兩大部分。

1. 策略性（strategic）

這個字最容易懂了，在臺灣，董事會都會制訂公司的策略，所以策略性便是指「廟堂之事」，尤其是董事長直轄人力資源即時，特別感受公司對人資部的貢獻。

2. 人力資源管理（Human Resources Management, HRM）

白話的說，便是人事管理，有人用五個字代表「用薪訓晉退」。

3. 策略性人力資源管理

是在人力資源管理活動各小項前加上形容詞，例如有競爭力的薪資（competitive salaries）。

二、第二個角度：從公司來看

加拿大溫哥華市的一個小教育單位 People managing people，其網站總編輯 Fin Bartram，在網站上文章「4 exemples of strategic human resource management from top companies」，舉了四家代表公司，並且簡短分析：

· 科技公司：字母、思科；
· 住：喜來登（飯店）；
· 金融：美國運通，發行信用卡的。

三、輝達的作法

　　輝達人力資源管理依組織層級，包括策略性人力資源管理、功能性人力資源管理，分別加以說明。

人力資源管理與產出（員工認同）：輝達作法

投入		轉換		產出	
大分類	小分類	策略性（第6章）	功能性（第7章）	員工認同（comployee engagement）	
一、徵募（recruiting）	1. 有目的僱用（purposeful hiring）	Unit 6-5		得分	
另○. 人力規劃（workforce planning）	2. 多樣性與包容（diversity & inclusion）	Unit 7-4		200 分	員工淨推薦分數（employee Net Promates score, eNPS）Unit 7-8~9
	* 面談 人才取得（talent acquisition）	Unit 6-7	Unit 7-4	150 分	員工熱忱 1. 生產力提高 2. 有快樂員工就有快樂顧客 3. 顧客滿意程度提高
	3. 入職體驗（onboarding experience）		Unit 7-1		

投入		轉換		產出	
大分類	小分類	策略性（第6章）	功能性（第7章）	員工認同（employee engagement）	
二、薪資（compensactions）	4. 有競爭力的薪資（competitive salaries）	Unit 6-1	Unit 7-2	100 分	員工續任（retention）Unit 8-7
	5. 福利與津貼（benefits & perks）		Unit 7-3		生產力提高
	6. 員工心理狀況（employee wellbeing 或 wellness）			80 分	員工滿意 Unit 8-6
三、訓練					
另員工關係	7.1（能力）成長機會（growth opportunities 或稱 learning）				
四、晉升	7.2 職涯發展（career development）	Unit 7-5		60 分以下	員工抱怨（employee complaints）
	8. 企業社會責任（social responsibility）	Unit 7-5			1. 離職率高（turnover）2. 員工怠工、職災升高 3. 員工曠職（absenteeism）甚至犯罪行為（偷竊，theft）

投入		轉換		產出
大分類	小分類	策略性（第 6 章）	功能性（第 7 章）	員工認同（comployee engagement）
五、（資）遣退（休）	9. 透明（transparency）尤其職場透明（workplace）			
	10. 績效管理系統			

6-4 策略性人力資源評分
——輝達 77、英特爾 69 與超微 63 分

輝達在策略性人力資源的措施，可以把處理器三雄的得分計算在表，再說明功能性人資管理部分。

一、公司人力資源管理量表（伍忠賢 2023）

由下表第二欄可見，有關人力資源的員工評論至少 9 項（含薪資），套用人資管理「用薪訓晉退」五大類，公司人力資源管理量表（伍忠賢 2023），分成四大類、六中項。

在兩中項簡單說明：

· 多樣性與包容：其下針對多元的五小項獨立出「性別」評分；

· 薪資（compensation）包括三項：薪水、福利及津貼，衍生出一小項「福利與津貼」。

二、三雄得分

1. 輝達 76.625 分，A 級

輝達在處理器業員工對人資評分 76.625 分，以後可以把 IBM、高通納入比較。

2. 英特爾 69 分，B 級

英特爾人資評分 69 分，B 級，跟輝達差一級。

3. 超微 63.38 分，B- 級

由表可見，9 項中超微只有「專業發展」70 分，贏過輝達、英特爾，所以總分居第三，而且離輝達太遠，在人才爭奪戰中，難跟輝達拚搏。

輝達、英特爾與超微人力資源管理量表

大分類／小分類	輝達		英特爾		超微	
	得分	排名	得分	排名	得分	排名
徵募 1.1 多樣性與包容（diversity score）	78	前 10% （A）	69	前 4% （B-）	70	前 35% （B）
1.2 女性評分	74		66		72	
2. 面談	81	前 5% （A+）	75	前 25% （B級）	77	前 20% （B+級）
二、薪資						
平均數（美元）	143472		132248		103119	
中位數（美元）	134213		126081		97849	
3.1 薪資滿意	79	前 10% （A）	74	前 20% （B+）	71	前 35% （B）
3.2 福利與津貼	85	前 5%	80		72	
三、訓晉 4. 專業發展	56		58		70	
四、員工認同 5. 續任（retention）	79 分	前 10% （A）	83 yes		75	前 20% （B+）
註：員工流動率	6.7% 其中 6.5% 自願		4%	跟 IBM 同	7%	
6. 伍忠賢化成 100 分	81		50		70 分	
1.1 員工淨推薦分數（eNPS）	43 = 63 － 20	前 10%	8 = 39 － 31	前 50% （C級）	17 = 44 － 27	前 40%
小計	76.625	A	69	B	63.39	B-

® 伍忠賢，2023 年 7 月 10 日。

三、黃仁勳在人力資源管理投入非常多時間

辉達的公司營運方式「沒有工廠」（fabless）的晶片設計公司（IC design corporation），晶片設計好，交由晶圓代工公司台積電去生產；之後，以人工智慧晶片為例，主要是賣給伺服器公司，再賣給雲端運算服務公司去服務個人、公司或政府公司自用。

簡單的說，辉達主功能在於「研發」，以手機晶片公司聯發科技（MediaTek, 2454）來說，2 萬名員工中，一半以上是研發人員。晶片設計人員的學歷大抵起跳是碩士，主要是電子機械、資訊工程學院畢業，即「知識密集行業」；這是相對於零售、餐飲等勞力密集行業。

如何透過組織、人力資源管理，讓全球一線人才近悅遠來，而且留得久做得穩；這是公司總裁須花很多時間參與的事，已不再是人力資源部的功能事務，而是事關國本的策略性人力資源事項！

四、字母公司的作法

2014 年 11 月，在臺灣出版的，由字母公司董事長施密特（Eric Schmidt, 1995 ～，任期 2015 ～ 2017 年）和羅森柏格（曾任職字母公司執行副總裁）合著的《Google 模式》一書，書中「前言」，強調人才的重要性，要吸引住好的人才。

1. 企業文化：尤其是使命宣言，路才走得遠。

2. 策略：策略對，結果可期待。

3. 招募人才：這是公司各級主管最重要的事，人才數量要夠，轉換成創造力（產品與服務），如此才能滿足顧客，持保養泰。

在組織管理方面有兩項重大作法：

① 全員參與

例如 2010 年，針對字母公司是否應退出中國大陸市場，施密特召開 5 小時會議，每位與會者須用文字寫清

楚。

② 企業應該雇用員工的思考，而不是雇用他們聽命行事

例如對工程師實施「用上班時間中的二成去實驗自己的構想」，這制度，激發了許多創意思想。

6-5 輝達用人Ⅰ：求職者資格
──黃仁勳、JobzMall 對求職者資格

　　諺語說：「強將手下無弱兵」，在一開始選兵時，就已汰弱留強了。本單元說明黃仁勳、輝達對求職者的資格要求。

一、對員工的重視

　　黃仁勳認為員工也會影響到公司的企業文化，所以須慎選員工。而且某職級（例如副總裁）以上人員也是由他面談。

二、員工所須具備三大類技能

1. 大分類

　　1955 年 3 月，哈佛大學商學院教授卡茨（Robert L. Katz, 1933 ～ 2010），在《哈佛商業評論》第 33 期上的

文章「有效果的管理者」，他舉出在各職級，管理者在三種能力（詳見下表第一欄）。

2. 中、小分類

下表中第一欄的中、小分類能力是伍忠賢（2016）提出的。

三、徵才資格：黃仁勳的四個條件

2010 年 6 月 5 日《紐約時報》記者專訪黃仁勳，他談到輝達用人的條件，在下表中以 V 方式呈現。

2021 年時，有記者詢問黃仁勳：「10 年後（2031 年），你希望輝達走向什麼方向？」

黃仁勳回答：「我希望輝達員工像小孩般，充滿著好奇心，才能一直永保創新，這在科技業是生存之道」（改寫自 Asian Business Leaders, 2021 年 12 月 2 日）。

四、美國「工作市集」的輝達徵人資格

美國加州爾灣市的人力仲介網路公司「工作市集」

（JobzMall, 2016 年成立）是以求職者影像履歷為主的，偏重於基層員工，2023 年 1 月 27 日，擴大營業地理範圍到全球。

　　另有資料來源顯示。

・輝達員工推薦（employee referrals），很有用，40% 的錄取者是員工推薦的。
・大學畢業生最好有實習經驗，尤其是輝達的建教合作計畫。

輝達徵才的資格（條件）

大／中分類	有無	說明
一、觀念能力 （conceptual skills）		VV 是黃仁勳的說明 V 是 JobzMall 的說明
1. 決策能力		
(1) 國際觀		
(2) 歷練		
(3) 膽量	VV	冒險以及犯錯的能力
2. 創意		
(1) 學習力	V	有強烈的分析與問題解決能力
(2) 創意	V	碰到處理複雜問題時，有能力創意思考

大／中分類	有無	說明
	VV	以小孩的眼光看待世界
二、人際關係能力 （human skills）		
1. 團隊合作	V	1. 在團隊環境內工作良好且跟他人合作（collaboration skills） 2. 輝達並沒有提供建立團隊、活動的協助
2. 情緒管理		
(1) 成就動機	VV	對技術和創新的強烈「熱情」（passion）
(2) 逆境商數	-	Times change, our opportunity change, but the only thing that stay constant is our passion & persistence
三、專業能力（technical skills）		
1. 工作倫理（work ethic）	V	且了解客戶服務的重要性
2. 表達能力	V	卓越（excellent）的溝通
3. 專業能力	VV	需要大學各級文憑（含博士），因為有各種職缺

® 伍忠賢，2016 年 3 月 25 日。

輝達用人 II：多樣性與包容之「多元」

公司在招募員工時，能做到不「就業歧視」，往往不容易；本單元從美臺法令要求展開，接著說明輝達的作法。

一、勞工法令對雇用的要求

勞工法令對就業多樣性（labor diversity，或稱員工多元化）、平等與「包容性」的規定，大都是保護弱勢人士，主要是為了防弊（例如資方壓榨勞方）。

1. 美國聯邦法令

由表可見，聯邦法令從 1963 ～ 1990 年，陸續對「多樣、平等與包容」予以規範，各州也有對應的州法。

2. 臺灣 1992 年就業服務法

主要是第五條「就業機會平等」中共 18 項，不准就

業歧視（employment discrimination）。

二、輝達的用人政策

輝達對「員工多樣性」等，站在「海納百川」的興利包容角度。

1. 文字說明

員工多樣性、包容與對公司有歸屬感，提供公司追求充分潛力的機會。

Diversity, inclusion, and belonging: unlocking our full potential.

2. 圖解

我們把輝達公司網站上，對於「員工多樣性與包容」的好處，以圖解方式呈現。

三、輝達在徵求多樣性的作法

1. 地理

輝達華裔員工表示：公司員工印度裔占 45%、華裔占 30%。黃仁勳讓我們知道亞洲人也能達到他作到的職位，而且覺得不會被歧視。

2. 性別、種族

增加女員工、少數族裔擔任核心工程師職位。

四、輝達的人力產出

在單元 6-4 的表中。

1. 多樣性與包容

輝達 78 分（前 10%、A 級）、英特爾 69 分（前40%、B 級）與超微 70 分（前 35%，B 級）。

2. 性別評分（主要是女性的工作體驗）

輝達 74 分、英特爾 66 分與超微 72 分。

美國聯邦法令中對多樣性、平等與包容的法令

大分類	中小分類	年	法令
一、多樣化（diversity）：不歧視	1. 地理範圍 2. 性別 3. 年齡 4. 種族 　（膚色） 5. 宗教 6. 性取向	1967 1975 1964 1965	Age Discrimin-ation in Emplo-yment Act Title VII of the civil Right Act
二、平等（equity）	1. 薪資公平 2. 訓練機會 3. 升遷機會	1961	11246 Executive order Equal pay act 甚至合理的差別待遇
三、包容（inclusion），不宜譯為共融	1. 針對殘障人士 2. 針對榮民	1973 19990	Rehabilitation Act American with Disabilities Act

資料來源：整理自 Upstate、美國勞工部的殘障人士辦公室 Diversity and inclusion。

輝達相信員工多樣性與包容會有好結果

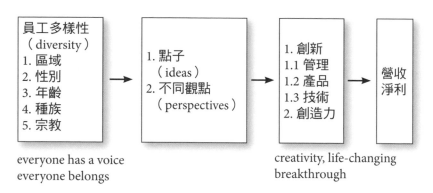

員工多樣性（diversity）
1. 區域
2. 性別
3. 年齡
4. 種族
5. 宗教

→ 1. 點子（ideas）
2. 不同觀點（perspectives）

→ 1. 創新
1.1 管理
1.2 產品
1.3 技術
2. 創造力

→ 營收淨利

everyone has a voice
everyone belongs

creativity, life-changing breakthrough

6-7 輝達的員工面試
—— 輝達 81、英特爾 75 與超微 77 分

三家處理器公司在加州都是平均年薪 10 萬美元以上的公司，許多人力資源仲介公司、網站，會說明其面試程序，本處以加州比較的公司的員工評論評分來分析。

一、輝達的面試過程

1. 篩選，分兩種方式

- 網路應徵（virtual interviews）約 5 次。
- 電話篩選（phone screening），約 2 次。

2. 面試：分兩關

- 第 1 關：人資部的員工招募處負責，約 45 分鐘。
- 第 2 關：這是需才單位的主管等二個人來面試，過關，大抵就會錄用，來輝達面試的人中，只有 10% 會收到錄取通知，其中 95% 會來上班。

二、輝達的面試題目

面試時，大部分是一個問題，面試人員想知道應徵者：「如何解決問題。」

1. 人力資源仲介公司玻璃門（Glass door）的評論

· 難度：3.5 分（滿分 5 分），算平均的
· 題目：以產品工程師為例，題目如下

請說明你寫程式功力？

（How would you describe your level of programming ability?）

二、三雄比較

下表是比較的公司給各公司員工評論，針對面試的項目與評分。

1. 輝達 92 分（滿分 100），前 5%，A+ 級；

2. 英特爾 75 分，前 25%，B 級；

3. 超微 77 分，前 20%，B+ 級。

輝達員工對公司面試評分

大分類	小分類					
一、面談時	1. How did you get your first interview at your company?	其他 0%	網路 12%	線上 19%	推薦 19%	面試 50%
* 面談情緒（interview sentiment）	2. did your interview process give a good representation of the culture at your company?		No 31%		Yes 69%	
* 面談經驗（interview experience）	3. how difficult would you rate the interview process at your current company?	10% 極易	30% 易	40% 平均	17% 難	39% 極難
二、面談後	4. How long did you have to wait before you heard a response after your last interriew	4 週以上 15%	2～4 週 0%	1～2 週 15%	一週內 62%	同天 3%
	5. How many phone/in person interviews did you have before you were hired at your current company?	5 次以上 31%	4 次 0%	3 次 15%	2 次 39%	1 次 15%

資料來源：整理自印度人 Kajol Aikat，在 content techgig.com 上文章「What a job at Nvidia, Here is all that you need to know」，2021 年 12 月 8 日。

6-8 輝達黃仁勳的面試

黃仁勳是董事長兼執行長，一般須由他直接面試，大都只有二種人。

・一級主管（執行副總裁級），約 5 位；
・二級功能部門主管（資深副裁級），約 12 位；
・其他，約 23 人。

至於三級主管（副總裁級），大都是公司內部晉升。

一、黃仁勳面試題

1. 資料來源

2010 年 6 月 5 日，《紐約時報》專欄作者亞當・布萊安特（Adam Bryant， ExCo 資深執行董事）專訪黃仁勳，其中有一項是有關如何面試求職者。

2022 年 12 月，亞當・布萊安特與凱文・沙爾的書《領導者的試煉》，時報出版公司出版。

2. 題目

由表可見，第二欄是黃仁勳面試題目，第三欄是應徵者較佳回答。

輝達黃仁勳面試求職者

三項	黃仁勳問	求職者回答
一、熱情	黃仁勳會問求職者： 1. 你喜歡（love）什麼？惟有強烈的熱情（passion），才會使人自我驅動，成為成功人士	(1) 好答案 例如求職者說我熱愛打高爾夫球，以及如何追求打得好； (2) 壞答案 我沒什麼熱愛的事物
二、冒險與犯錯	黃仁勳會問求職者「最大的失敗」是什麼事 ・你如何處理？ ・重來一次你會怎麼辦？	(1) 好答案 碰到逆境（adversity），會冷靜（心跳會變慢），黃仁勳有這功力，且思考更佳 (2) 壞答案 碰到大失敗，會慌；事後學不到教訓，一錯再錯
三、從兒童眼中看母親	黃仁勳會請求職者在白板上寫上一件事（觀念），而可以教他的 黃仁勳會說：What if you did that?	(1) 好答案 具有腦力激盪、創造力的人會回答：「你這麼作有趣，好，我們這樣作作看」 (2) 壞答案 不喜歡合群的人會說：「你那樣做，我們作過了，沒用處。」

Chapter Seven

輝達的人力資源管理

　　輝達網站有關人力資源管理：

　　高科技公司拚的是人才，要能用高薪（含員工認股計畫）才能吸引人才。人才進公司，還須要有夠好的福利、工作環境、條件來留住人才。

　　進入輝達公司網站上 About us 中有一頁說明「輝達對員工薪資福利獎賞等工作」，很有系統。

7-1 輝達新進員工入職
——輝達 81、英特爾 75 與超微 77 分

　　新員工進到公司，公司人資部大抵會花 1 天，來迎接新員工「登艦甲板」（onboarding）；如果是一群應屆畢業生，那會在禮堂或國際會議廳，辦「始業式」、「新生訓練」（orientation）。

一、入職日（onboarding）

　　你在英文維基百科「onboarding」，可看到 12 頁的說明，本書主題不在這，所以略過，許多公司的始業式都辦得「行禮如儀」，找三個部門派專人來講解。

- 組織管理部：來說明公司願景、使命、目標、組織結構。
- 人資部：來說明請假、員工考勤，有時人資人員會帶個「破冰」遊戲，讓同部門新人們彼此自然而然的認

識，以後見面就「一回生，二回熟」。

・各用人部門主管：會簡單說明部門現況和展望。

二、員工評論題目

由表可見，比較的公司給員工評論，針對入職日有三題。

三、三雄得分

1. 輝達 81 分

由下表可見，有兩項是人資部負責，67% 員工覺得入職日公司準備極佳，22% 佳，合計 99%，這很高。

2. 英特爾 75 分

英特爾的人資部好像不太花時間去準備。

3. 超微 77 分

超微的人資部對入職日的準備不太努力，50% 員工覺得尚可，25% 員工覺得「準備得很差」。

新進員工始業式員工評論

題目	題目	員工勾選	問卷員工數		
			輝達	英特爾	超微
			390	822	382
0. 員工評分			81 分	75 分	77 分
1. 公司準備良好否？	How prepared was your company on your first day of on boarding?	極佳 佳 中間 不佳 極不佳	67 22 0 0 11	27 31 27 12 3	0 25 50 0 25
2. 員工體驗	Did you have a positive onboarding experience when you were hired at your current company?	V X	91 9	79 21	33 67
3. 主管對你有協助？	Was your direct manager helpful with your onboarding during your first 90 days?	V X	89 11	67 33	67 33

資料來源：整理自 Comparably 公司，2023 年 7 月。

輝達員工薪資
──輝達 79、英特爾 74 與超微 71 分

員工來公司上班，約有 50% 的動機是為了薪資，輝達年薪比英特爾多 1.1 萬美元，比超微多 3 萬美元，所以員工評論對薪資的滿意程度也是如此。

一、題目

1. 你最喜歡你薪資中的那一項，分四中類

- 薪資：「基本薪水」；
- 員工入股制度（有很多細項 ESOP、ESPP、RSU，限制流通股票）；
- 福利：自動餐式，主要指醫療保險；
- 津貼：主要指午餐津貼，少數有住房津貼。

2. 如果你覺得公司給少了，公司說如何更正？

右述四中類。

二、員工評論

1. 輝達 79 分，同業前 10%

輝達有意拉高薪資水準，以吸引、留住一線人才。

以員工認股計畫（Employee Stock Purchase Plan, ESPP）來說，2022 年，公司提撥 3 億美元給員工和實習生。

2. 英特爾 74 分，同業前 20%

3. 超微 71 分，同業前 35%

7-3 輝達的福利津貼
——輝達 85、英特爾 80 與超微 72 分

　　薪資中薪水跟福利津貼最大差別在於薪水大都是現金給付，福利（例如醫療保險）、津貼（例如伙食、住房），大都不是現金給付。這部分輝達在三家比較中得高分。

一、員工評論

　　由於比較的公司沒做「福利與津貼」評分，本單元採用美國加州人力資源仲介公司玻璃門資料（Glassdoor，2007 年成立，2018 年公司被日本公司瑞可利，Recruit Holdings Co.,Ltd.，以 12 億美元收購。）

二、員工評分

1. 輝達 4.4「分」（或星），滿分 5 分

2. 英特爾 4.2 分

3. 超微 4.2 分

三、輝達公司網站上對員工照顧的說明

輝達強調員工在公司裡可以一輩子發展。輝達會照顧員工關切的事，這些包括員工、員工家人的健康（例如員工父母的照顧）、情緒和財務健全（例如學生貸款）。

Great benefits for all.

Nvidians are able to do their life's work here.

Because they know they will be taken care of in the ways that matter most.

We focus on programs that look after you and your family's physical、emotional and financial well-being.

We also work hard to anticipate what our employees will need at every stage of life——from dealing with student debt to caring for aging parents or building a family.

7-4 輝達對員工多樣性與包容
——輝達 56、英特爾 58 與超微 70 分

　　包容（inclusive）白話的說是指寬容（tolerant），主要是對那些民族、種族、宗教、意見、行為等跟自己不同的人，採取「客觀、公平和認可的態度」。

一、輝達的包容政策

　　輝達致力於打造一個公平、正派和包容的公司。

　　尤其對弱勢人士要有同理心，且提供就業機會。

　　我們如此作，是因為我們認為如此作是正確的、公正的；我們相信這會使公司更好。

We dedicate ourselves to building a just, decent and inclusive company.

We must be empathetic to the experience of under represented groups and at to make NVIDIA a place of opportunities.

We do this because it is right & just, and we believe it
will help make NVIDIA better.

二、輝達的對內包容

1. 成立 9 個社區資源團體（community resource groups）

這 9 個團體：主要有依性別（女性）、膚色（非裔、西班牙裔）、洲別（亞太、南亞）、身體狀況（殘障人士）、職業身分（退伍軍人）、其他（三種早期職涯、輝達 Pride）。

2. 輝達充分支持員工

三方面支持員工：神經多樣性（neuro diversity）、關懷照顧（care givers）和對有子女的員工（working parent）。

神經多樣性是指腦力差異「不同」，例如殘障人士的腦力只是跟非殘障人士「變異」（variations），但不是「缺點」（flaws）。

三、輝達的對外包容

1. 類似建教合作

對 25 家大學，包括少數族裔機構（Minority serving institution）和歷史性非裔學院（HBCUs）和西班牙裔服務機構。

2. 其他

輝達公司網站上，還有更詳細的資料，可供參考。

7-5 輝達的員工職涯發展

——輝達 56、英特爾 58 與超微 70 分

員工到公司上班，大約有 10% 動機是追求「升官發財」，所以不見得會挑薪資最高的公司，升遷發展機會也很重要。在人力資源 10 項評比項目中，輝達只有這項得最低。

一、員工評論題目

比較的公司在員工評論項目中針對「專業發展」，題目只有二題，詳見下表。

二、員工評論分數

輝達 56、英特爾 58 與超微 70 分，在員工評論的人力資源 10 項中，超微只有這項目領先。

三、本書評論

1. 輝達公司網站說得漂亮

在上面說了下列一段：

「Unlimited opportunities for all connect with incredible people.

Explore allyship（同盟關係）at work creating what come next, together do your life's work.」

2. 輝達人資部「說」職業發展三箭

量身訂做的「師徒計畫」（mentoring program）；

· 工作影子職位體驗（job-shadowing experiences）；
例如擔任副總裁的見習特別助理，表面上是特別助理的「影子」，但實質上也是在學習如何變個好的副總裁。
· 升遷發展機會（leadership development opportunities）。

3. 員工打臉輝達

由表第一題「公司有沒指派一位老員工當你職場導師？」有 81% 輝達員工說「沒有」。

專業發展的員工評分   單位：%

項目	題目	勾答	輝達	英特爾	超微
1. 新進人員	Do you have a mentor at work?	V	19	32	60
		X	81	68	40
2. 提供機會	Does your current company provide you meaningful opportunities for career advancement?	V	56	49	57
		X	40	51	43

7-6 輝達的員工滿意程度
——輝達、英特爾與超微的比較

　　此書在撰寫時原本想套用美國密西根大學等三機構對大公司作的顧客滿意程度指數，結果查不到員工對公司滿意程度指數，只好查員工最喜歡上班的公司，這至少有十家公司在調查，我們引用《財星》雜誌為資料來源。

一、2022 年《財星》雜誌（票選）100 大公司

　　每年 4 月公布「百大最佳上班公司」（Best company to work for），輝達排名如下：

1. 2022 年，第五名

　　前四名如下：思科、喜來登飯店、衛格門（Wegmans）超市、賽富時。

2. 2023 年，第六名

前五名：思科、喜來登、美國運通、衛格門、埃哲森（企管顧問公司）。

二、輝達兩件事，值得員工信任

路遙知馬力，日久見人心，員工對輝達的信任在下列兩個非常時期，特別感受到公司的溫暖。

1. 2008 ～ 2009 年，全球金融海嘯，不輕易裁員

2008 ～ 2009 年全球金融海嘯期間，美國失業率10.6%，矽谷各大公司大裁員，輝達裁員 150 人（占員工人數 2.6%），以高層減薪來因應景氣衰退，輝達此舉會讓基層員工信任公司。

2010 年，美國失業率 10.6%，那時輝達也是在「挺員工」。

2. 2020 ～ 2021 年，新冠肺炎疫情，員工不減薪

2020 年 1 月開始的全球新冠肺炎疫情，拖累全球經

濟兩年，4 月 21 日，黃仁勳宣布「不裁員，不減薪，會加薪，以協助員工度過難關（例如額外醫療支出等）」。

三、續任的另一邊便是離職率

以 2020 年數字來看，主要是各公司公布的流動率（turnover 或 attrition rate），這 95% 是自願離職，5% 是公司解僱。一般半導體公司約 10%，其中台積電是 5.3%。

1. 輝達 6.7%

2. 英特爾 4%

英特爾的員工流動率 4%，很低；跟 IBM 相同，可能是老公司，員工年資久，成家立業買屋了，安土重遷了。

3. 超微 7%

7-7 輝達員工留任意願
——輝達 79、英特爾 83 與超微 75 分

在行銷管理中的行銷組合（4Ps）中的第 3P 促銷中有一項是「顧客關係管理」，主旨目的是把「生客留住變成熟客」。舉例來說，開發新顧客須花 400 美元（廣告、人員電話），留住舊顧客只須花 100 美元（大部分是顧客忠誠計畫的集點送）。

一樣的，留住員工（employee retention）比招募新員工更重要，這不是只有成本問題（人才招募、訓練），而且更重要的是員工對內的向心力和人際關係（社群影響）。尤其第一線員工對顧客更有人際關係銷售（relationship sales）的作用。

本單元說明處理器三雄的員工留任意願分數。

一、資料來源

1. 資料來源：美國加州比較的公司

2. 題目

由下表可見，這邊共有 15 題。

· 分三大類：工作、人際關係、工作滿意程度
· 濃縮成 14 題：像表中 2.2 項只是把 2.1 項講得更直白，
其他公司出 1.2 倍薪水，你願意跳槽嗎？

二、15 題加總得分

1. 輝達 79 分

由下表第三欄可見，為了避免員工「三選一」的挑
中間值回答，所以每題大都二選一，即「是」或「不是」；
只有第 13 項中有第三項。

2. 三家不好放在同一個表內

我們曾想過在下表中每一項把三家公司的分數放
入，這麼一來，表會很人，很不容易看懂。

三、兩雄比較（缺英特爾資料）

1. 輝達 79 分（滿分 100）、A 級

‧跟萬人公司（1341 家）比較：排前 10%

‧跟（矽谷）鄰近公司比：排前 30%

2. 超微 75 分，B+ 級

由下圖可見，兩家公司員工留任意願 1 年內穩定。

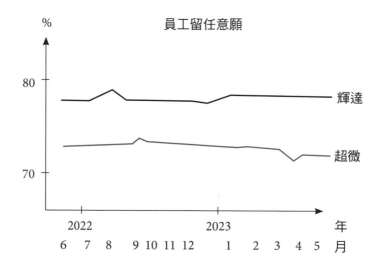

衡量員工留任意願的問卷 15 題：輝達作法　　　　　　　　單位：%

大／中分類	小分類	No	Yes
一 工作			
（一）薪資	1.do you believe you are paid fairly?	24	76
	2.1 would you turn down a job offer today for slightly more money?	21	79
（二）工作內容	2.2 加薪、挖角會不會跳槽？	25	75
	3.Are you challenged at work?	30	70
	4.Do you feel burn out at work	47	53
二、人際關係			
（一）跟主管關係	5.how often do you get valuable feedback on how to improve at work?	一年 26	一季 13
	6.do you approve of the job your executive team is doing at your company?	17	83
	7.do your company leaders do what they should to retain you as an employee?	45	55
（二）跟同事關係	8.do you look forward to interacting with your coworkers?	15	85
	9.how do you rate the quality of your coworkers?	一	84
	10.do you have a close friend at work?	32	68
	11.How often do you socialized with team member outside of work?	一個月一次	一週一次

大／中分類	小分類	No	Yes
三、工作滿意程度	12.Are you typically excited about going to work each day?	19	81
	13.How secure do you feel your job in your company?	21	73
	14.Are you proud to be a part of your company?	8	92

7-8 員工認同的最高境界
——員工淨推薦分數 I

　　顧客對商店最高的滿意行為是「好口碑效果」，也就是「食好鬥相報」。同樣的，員工對雇主最高的滿意行為便是向親朋推薦「到我們公司上班，好處多多」。這個在人力資源仲介公司的員工評論 17 個項目中，稱為員工淨推薦分數，本單元說明。

一、太極（顧客淨推薦分數）

　　2003 年，美國麻州波士頓市貝恩顧問公司（Bain & Company）推出顧客「淨推薦分數」（net promoter score, NPS），把網路消費者的評分依 0 ～ 10 分，分成給 9 ～ 10 分推薦者（promoters）、7 ～ 8 分的被動者（passives）、6 分以下的批評者（detractors）。

　　以 2023 年 6 月，輝達為例，400 位員工網路回答：

（1）推薦者（promoters）占 69%；

（2）被動者（passives）占 17%；

（3）批評者（detractors）占 14%。

（1）減（3）得 55，這便是員工淨推薦分數。

由計算公式可知，淨推薦分數上限是 100 分（即萬民擁載），下限是 -100 分（即人神共憤）。所以絕對分數沒有意義，而是看在同規模（此處有 2 個級距，1 萬人以上，0.5～1 萬人）的公司中排名排前個百分點。

二、太極生兩儀：員工淨推薦分數

2003 年，隨著顧客淨推薦分數的衡量方式推出，貝恩顧問公司立刻推出員工淨推薦分數（employee NPS, eNPS, 或 ENPS）。

1. 以美國加州比較的公司（Comparably）資料為準

2. 題目

・中文題目

要是你想推薦你朋友到你公司上班，以 0 ～ 10 分來評分，你有多大熱忱？

．英文題目

On a scale from 0~10, how likely are you to recommend working at your company to a friend?

3. 盲點

只要是問卷調查便有抽樣誤差，像輝達 2.62 萬位員工，400 人作答；英特爾 13.2 萬位員工，610 人作答。

員工淨推薦分數 II
　──輝達 55、英特爾 8 與超微 17 分

本單元說明處理器三雄的員工淨推薦分數。

一、三家公司排名

1. 輝達位居前 10%（ A+ 級 ）；

2. 英特爾前 50%（ C 級 ）；

3. 超微前 20%（ B+ 級 ）。

二、趨勢分析

由下圖可見，一年數字穩定。

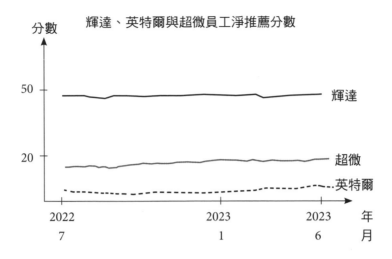

分數

輝達、英特爾與超微員工淨推薦分數

50

20

輝達

超微

英特爾

2022
7

2023
1

2023
6

年
月

輝達黃仁勳：人工智慧晶片的成吉思汗 / 伍忠賢作 . -- 一版 . -- 臺北市：時報文化出版企業股份有限公司，2023.09
面； 公分 . -- (Big；423)

ISBN 978-626-374-265-9(平裝)

1.CST: 黃仁勳 2.CST: 科技業 3.CST: 企業經營 4.CST: 傳記

484.5   112013781

ISBN 978-626-374-265-9

Printed in Taiwan.

BIG 423
輝達黃仁勳：人工智慧晶片的成吉思汗

作者 伍忠賢 | 校閱 楊正利 | 圖表提供 伍忠賢 | 封面照片來源 中央通訊社 | 主編 謝翠鈺 | 企劃 鄭家謙 | 封面設計 陳文德 | 美術編輯 辰皓國際出版製作有限公司 | 董事長 趙政岷 | 出版者 時報文化出版企業股份有限公司 108019台北市和平西路三段240號7樓 發行專線─(02)2306-6842 讀者服務專線─0800-231-705‧(02)2304-7103 讀者服務傳真─(02)2304-6858 郵撥─19344724時報文化出版公司 信箱─10899臺北華江橋郵局第99信箱 時報悅讀網─http://www.readingtimes.com.tw | 法律顧問 理律法律事務所 陳長文律師、李念祖律師 | 印刷 勁達印刷有限公司 | 一版一刷 2023年9月29日 | 定價 新台幣400元 | 缺頁或破損的書，請寄回更換

時報文化出版公司成立於一九七五年，
並於一九九九年股票上櫃公開發行，於二○○八年脫離中時集團非屬旺中，
以「尊重智慧與創意的文化事業」為信念。